# Weil Europa sich ändern muss

AF130234

# Weil Europa sich ändern muss

Im Gespräch mit Gesine Schwan,
Robert Menasse, Hauke Brunkhorst

Mit einem Vorwort von Wolfgang Schäuble

 Springer VS

Gesine Schwan
Frankfurt/Oder, Deutschland

Hauke Brunkhorst
Flensburg, Deutschland

Robert Menasse
Wien, Österreich

ISBN 978-3-658-01391-2     ISBN 978-3-658-01392-9 (eBook)
DOI 10.1007/978-3-658-01392-9

Die Deutsche Nationalbibliothek verzeichnet diese Publikation in der Deutschen
Nationalbibliografie; detaillierte bibliografische Daten sind im Internet über
http://dnb.d-nb.de abrufbar.

Springer VS
© Springer Fachmedien Wiesbaden 2015

Gedruckt auf säurefreiem und chlorfrei gebleichtem Papier

Springer Fachmedien Wiesbaden ist Teil der Fachverlagsgruppe
Springer Science+Business Media
(www.springer.com)

# Inhalt

# Vorwort

Weil Europa sich ändern muss – deshalb dürfen wir jetzt nichts tun, was die Staaten und den Kontinent in der falschen Sicherheit wiegen würde, es könne alles so bleiben, wie es ist. So würde ich den Titel dieses Buches ergänzen. Zugleich gilt: Europa muss sich ändern, ja – aber es muss sich selbst dabei treu bleiben. Und es darf die guten und nach wie vor gültigen Gründe für die Einigung des Kontinents nicht vergessen.

Nach dem Zweiten Weltkrieg wurde Europa zum Friedensprojekt – angesichts der längsten Friedensperiode der europäischen Geschichte so erfolgreich, dass es heute schon fast zu einem Problem in der Außen- und Sicherheitspolitik wird, wie selbstverständlich uns Europäern der Frieden geworden ist. Europa ist zugleich ein Freiheitsprojekt geworden. Es war nicht zuletzt die Verankerung in Europa, die die Demokratie in Deutschland erstmals dauerhaft gelingen ließ. Es war der politische Druck aus Europa heraus, der die Diktaturen im Süden – in Griechenland, in Spanien und in Portugal – zu Fall brachte. Und es war auch die Anziehungskraft des freien Europas, die nach 1989 das Zusammenbrechen der kommunistischen Unrechtsregime in Mittel- und Osteuropa beförderte und dazu führte, dass es dort zu demokratischen Reformen kam.

Im 21. Jahrhundert ist Europa nun auch ein Globalisierungs-projekt. Wir müssen das in all seinen Konsequenzen begreifen: Nur ein wirklich vereintes Europa wird in der heutigen und vor allem in der künftigen Welt die uns wichtigen und uns prägenden Werte wirksam einbringen können. Die Überlegenheit marktwirtschaftlicher Ordnungen ist heute weltweit unbestritten. Aber die Frage ist, ob sie mit Demokratie, Menschenrechten, der »rule of law« und sozialer wie ökologischer Nachhaltigkeit verbunden ist – das ist Europa, das ist das westliche Modell. Und diese Frage ist global noch nicht entschieden. Wenn sich unser Modell in der globalisierten Welt durchsetzen soll, müssen wir seine langfristige Überlegenheit beweisen. Das kann nur ein einiges und handlungsfähiges Europa. Nur in guter geistiger und wirtschaftlicher Verfassung, als Kontinent von Innovation, Wissenschaft und Technik, werden wir unseren Beitrag leisten können zur Beantwortung der globalen Nachhaltigkeitsfragen. Und nur tiefer integriert und in guter institutioneller Verfassung werden wir mit neuen Formen von Governance das nötige Miteinander in dieser Einen Welt inspirieren können.

*Wenn sich unser Modell in der globalisierten Welt durchsetzen soll, müssen wir seine Überlegenheit beweisen.*

Ein Europa, das so werden will, hat noch viel zu tun – von einer wirklich gemeinsamen Außen- und Sicherheitspolitik bis hin zu einer intelligenten europäischen Energiepolitik. Aber vor allem und zuerst muss Europa die gegenwärtige Krise überwinden. Da sind wir auf einem guten Weg. Der Weg heißt: Hilfe gibt es nur zur Selbsthilfe, Solidarität nur gegen Solidität. Die Ursachen der Krisen werden angegangen. Die Rahmenbedingungen des Wirtschaftens werden verbessert, Staatshaushalte konsolidiert. Damit das in geordneten Bahnen geschehen kann, geben die Euro-Partner solidarische Überbrückungshilfe.

Dabei wissen wir alle: Dieses Europa, für das wir uns einsetzen, ist mehr als die EU oder der Euroraum. Und natürlich ist Europa mehr als der Euro. Man könnte sagen: Europa *wird* mehr, als dass es *ist*. Europa ist ein Prozess immer neuer Ideen, stetiger Veränderung im Wettbewerb, produktiver Zweifel, von Machtteilung und Wandel statt betonierter Verhältnisse in Politik und Wirtschaft, in Gesellschaft und Wissenschaft, in Technik und Religion. In Europa rüttelt stets Rationalität an Traditionen und Gewissheiten. Europa ist eine große Vision, ein großes Streben und Sehnen nach Freiheit, nach Sicherheit, nach Stabilität, nach Rechtsstaatlichkeit, nach Wohlstand und nach Solidarität. Europa ist Vielfalt in Kultur und Geschichte. Diesen Kontinent hat der Wettbewerb der Gedanken und der Staaten auf vergleichsweise kleinem Raum zur Blüte geführt. Und jeder, dem die Künste etwas bedeuten, liebt die Vielfalt der europäischen Malerei, Literatur, Architektur, Musik.

*Europa ist mehr als der Euro.*

Gelegentlich wird uns unterstellt, mit unseren Bemühungen zur Lösung der gegenwärtigen Schuldenkrise wollten wir die europäische Vielfalt abschaffen. Das Gegenteil ist die Wahrheit: Wir wollen kein vereinheitlichtes Europa. Und wir wollen kein »deutsches Europa«. Wir verlangen nicht von anderen, »so zu leben wie wir« – dieser Vorwurf ergibt keinen Sinn, ebenso wenig die nationalen Stereotype, die ihm zugrunde liegen. Hier freudlose teutonische Arbeiter und Asketen, dort »dolce far niente« – das sind nichts als Zerrbilder. Die Anhänger solcher Stereotype sollten Umfragen aufhorchen lassen, nach denen sich die Menschen nicht nur im Norden, sondern auch im Süden Europas mit deutlichen Mehrheiten für Reformen und die Reduktion der Staatsausgaben und Schulden aussprechen, um die Krise zu überwinden.

*Wir wollen kein vereinheitlichtes Europa. Und wir wollen kein »deutsches Europa«.*

Ein »deutsches Europa« – das könnten am wenigsten die Deutschen selbst ertragen. Vielmehr wollen wir Deutschland in den Dienst der wirtschaftlichen Gesundung der europäischen Gemeinschaft stellen – ohne darüber selbst schwach zu werden. Damit wäre niemandem in Europa gedient. Wir wollen ein starkes, ein wettbewerbsfähiges Europa. Ein Europa, in dem wir vernünftig wirtschaften und in dem wir nicht Schulden auf Schulden türmen. Es geht um gute Rahmenbedingungen des Wirtschaftens im globalen Wettbewerb und angesichts einer für ganz Europa herausfordernden demographischen Entwicklung. Das sind keine »deutschen Ideen«, sondern Gebote einer zukunftssichernden Politik. Wachstumsfreundliche Konsolidierung und Reformpolitik sind europäischer Konsens. Sie beruhen auf einstimmigen Beschlüssen der Mitgliedsstaaten.

Und diese Politik beginnt zu wirken. Die Wende zum Besseren ist geschafft. Das zeigen viele Daten. Und das werden wir mit einer Verzögerung auch auf den Arbeitsmärkten erleben. Um diese gute Entwicklung zu stützen, setzt Europa – und setzt Deutschland auch bilateral – zusätzliche Impulse für Wachstum und Beschäftigung, vor allem gegen die katastrophal hohe Jugendarbeitslosigkeit.

Wir haben die politische Verantwortung, von diesem Weg nicht abzuweichen, jetzt, wo wir langsam beginnen, die Früchte unserer Arbeit zu ernten. Dabei nutzen wir durchaus die Flexibilität, die uns die europäischen Verträge erlauben, und betten die Haushaltsdisziplin ins jeweilige konjunkturelle Umfeld ein. Aber wir müssen uns weiter vor Fehlanreizen hüten. Wir dürfen in Europa nicht Strukturen schaffen, die dazu einladen, Verantwortung abzuwälzen, Risiken auf Kosten anderer einzugehen, den eigenen Beitrag zur Lösung der Probleme auf die lange Bank zu schieben. Staatsschulden zu vergemeinschaften oder konjunkturelle Strohfeuer zu entfachen mit Geld, das wir in Wahrheit nicht haben – das wären solche falschen Anreize.

Vertrauen wurde in den letzten Jahren auch durch institutionelle Verbesserungen wiedergewonnen – Verbesserungen, die in Europa die Wahrscheinlichkeit erhöht haben, dass wir künftig solide haushalten. Wir haben heute verbindlichere Regeln, nationale Schuldenbremsen und einen permanenten Krisenbewältigungsmechanismus, den ESM. Als nächstes schaffen wir eine Bankenunion, die die Risiken für den Sektor selbst wie für die Steuerzahler weiter reduzieren wird. Mit unserer Finanzmarktregulierung sind wir einem Zustand wieder näher gekommen, in dem die Haftung für Verluste wieder bei denen liegt, die zuvor auch die risikoreichen Anlageentscheidungen getroffen haben: Wer die Chancen hat, muss auch die Risiken tragen.

Ich kann mir an institutionellen Weiterentwicklungen in Europa noch einige mehr vorstellen – einschließlich der nötigen Änderungen der Verträge: etwa einen europäischen Haushaltskommissar, der nationale Haushalte zurückweisen kann, wenn sie den gemeinsam vereinbarten Regeln nicht entsprechen. Wir brauchen klarer verteilte Zuständigkeiten zwischen den europäischen Ebenen. So viel wie möglich an Zuständigkeiten muss dezentral bei Kommunen, Regionen, auch den Mitgliedstaaten bleiben. Aber das, was nur europäisch zu entscheiden ist, muss durch europäische Institutionen entschieden werden. So könnte sich die EU auf die Zuständigkeit für Handel, Finanzmarkt und Währung, Klima und Umwelt, Migration sowie Außen- und Sicherheitspolitik konzentrieren.

Dafür brauchen wir dann aber auch eine stärkere demokratische Legitimation der europäischen Institutionen und eine rechtsstaatliche Kontrolle aller dort getroffenen Entscheidungen. Deshalb habe ich mit anderen die Direktwahl des Kommissionspräsidenten immer wieder ins Gespräch gebracht. Die Entwicklung geht langsam in diese Richtung: Zur Europawahl im nächsten Jahr werden die großen europäischen Parteienfamilien mit gemeinsamen Spitzenkandidaten antreten – zugleich Kandidaten für das Amt des Kommissionspräsidenten. Mittelfristig sollte der Kandidat mit der größten Unterstützung im Europäischen Parlament von den Staats- und Regierungschefs als Kommissionspräsident akzeptiert werden. Für mich lautet das Ziel: eine echte – das heißt von den Bürgerinnen und

Bürgern Europas eindeutig legitimierte – Legislative, Exekutive und Judikative auf europäischer Ebene.

Die Zeit drängt, die Dinge in Europa zum Guten weiterzuentwickeln. Es gibt politischen Druck – auch Druck von den Märkten. Aber Europa kann nicht immer so schnell sein, wie wir uns das manchmal wünschen. Die Kompliziertheit der europäischen Entscheidungsstrukturen muss ich meinen Kollegen außerhalb Europas immer wieder aufs Neue erklären.

*Aber Europa kann nicht immer so schnell sein, wie wir uns das wünschen.*

Das liegt natürlich auch daran, dass unsere europäische Wirklichkeit nach wie vor stark von den einzelnen Nationen bestimmt wird. Deshalb werden wir uns dem Ziel einer tieferen Integration Europas nur Schritt für Schritt, und auch nicht immer mit allen EU-Mitgliedsländern zugleich, und nicht immer sofort in institutioneller Rechtsetzung auf europäischer Ebene, sondern manchmal erst in intergouvernementaler Zusammenarbeit, pragmatisch, geduldig, aber beharrlich nähern können.

Dieser Weg hat auch sein Gutes. So lassen sich Fehler, die bei der Zusammenarbeit von Menschen immer vorkommen, besser korrigieren. Und auf diesem zwar mühsamen, aber dem vielfältigen Europa gemäßen Weg werden viele Gesichtspunkte zur Geltung gebracht. Da übersieht man nicht leicht etwas Wichtiges. Da sind am Ende die Dinge gründlich reflektiert und von allen Seiten beleuchtet. Dadurch bleibt Politik auch maßvoll, vermeidet Übertreibungen.

Doch bei allem Pragmatismus – über das Ziel sollten wir uns einig sein: Wir brauchen ein starkes Europa, damit die Europäer in dieser Welt sich verschiebender globaler Gewichte bestehen und die internationalen Fragen und Herausforderungen mitbeantworten können.

Europa macht große Schritte in diese Richtung. Europa wächst in der Krise zusammen. Für uns Europäer sind wir heute selbst unser tägliches Gesprächsthema. Wir reden mehr miteinander, wir interessieren uns mehr füreinander, wir wissen mehr voneinander als jemals zuvor. Wir helfen einander. Wir einigen uns auf eine gemeinsame Politik. Europa wird sich in nicht ferner Zukunft daran erinnern, dass es in dieser Krise stärker und wettbewerbsfähiger geworden ist – weil Europa sich ändern musste.

Dr. Wolfgang Schäuble
Bundesminister der Finanzen
im Januar 2013

# Weil Europa sich ändern muss: Im Gespräch mit Gesine Schwan

**Gesine Schwan** ist Politikwissenschaftlerin. Von 1977 bis 1995 war sie Professorin für Politikwissenschaft an der FU Berlin. 1999 wurde sie Präsidentin der Europa-Universität Viadrina in Frankfurt (Oder). Sie gründete gemeinsam mit anderen Wissenschaftlern im März 2009 die HUMBOLDT-VIADRINA School of Governance und wurde im Juni 2010 zu deren Präsidentin gewählt. Gesine Schwan erhielt zahlreiche Auszeichnungen.

**TEIL 1**
**Unsere Vorstellung von Europa: Wie belastbar sind Solidarität und der soziale Zusammenhalt in Europa?**

*Frau Schwan, hätten Sie Verständnis dafür gehabt, wenn die Zyprer nach der Öffnung ihrer Banken ihr Geld vom Konto abgehoben hätten, um der ursprünglich angekündigten Beteiligung an den Staatsschulden zu entgehen?*

Schwan: Individuell hätte ich natürlich dafür Verständnis. Es kann ja sein, dass ein einzelner Zyprer unter dem großen

Druck steht, seine Medizinkosten zu zahlen oder etwas ähnliches, das ist ganz klar. Ich halte es für absolut notwendig, dass man sicherstellt, dass die Girokonten mit Einlagen unter 100 000 Euro, die ja nicht genutzt werden, um Kapital zu machen, nicht angegriffen werden. Das wäre sonst ein großer Einschnitt in das tägliche Leben. Das erste Hilfspaket, das geschnürt wurde und gegen welches die Zyprer im Grunde völlig zu Recht protestiert haben, war meiner Ansicht nach nicht durchdacht und schließlich kam dann auch die Reaktion auf den öffentlichen Protest, dass man das auch gar nicht so gemeint hätte etc. Das ist nicht besonders überzeugend. Hier sehen wir genau ein aktuelles Problem: Politik muss dafür sorgen, dass keine kollektiven Paniken entstehen, auch wenn das im sensiblen Verhältnis von Wirtschaft, Finanzwelt und Politik nicht einfach ist. Aber wenn die Politik das nicht schafft, dann wird alles noch viel schlimmer.

Im Umkehrschluss heißt das, die Krise könnte ein erneuter Anlass für Politikerinnen und Politiker sein, sich darüber Gedanken zu machen, wie wichtig Gemeinschaftlichkeit, Vertrauen und Verlässlichkeit sind, bis ins Finanzielle, bis ins Handfeste, Materielle hinein. Geld ist materialisiertes Vertrauen, nichts anderes. Und wenn man generell so agiert, dass man nur die individuellen Interessen bedient oder dass die Logik des eigenen Handelns sich immer wieder nur auf die eigenen Vorteile rückbezieht, dann zerstört man systematisch dieses Vertrauen. Dieser Rückbezug ist in den letzten Jahren von den nationalen Politikern, auch den deutschen, ganz stark geschehen. Man kann innerhalb eines Staates, innerhalb einer Kommune und über Grenzen hinweg sehr viel institutionell flexibler und lockerer sein, wenn die Verantwortung und der Zusammenhalt in der politischen Kultur verankert sind. Wenn aber eine Kultur entstanden ist, in der die einzelnen Staaten sich immer nur auf ihre eigenen Interessen konzentrieren, dann wird Zusammenhalt unterminiert. Das ist das Problem in meiner Sicht in der gegenwärtigen EU. Es hat sich in den letzten 20, 25, 30 Jahren verschärft, jedenfalls massiv seit dem Maastrichter Vertrag von 1992.

*Ist es denn aus Ihrer Sicht unsolidarisch, wenn Bürger gegen die Hilfen für ein anderes EU-Land protestieren, wenn sie nämlich zum Beispiel ein viel geringeres Lohnniveau haben als die Bürger in dem zu rettenden Land? Wie würden Sie das als Politikerin den Menschen erklären?*

Schwan: Das ist natürlich erklärungsbedürftig, aber zunächst müsste man die jeweilige Kaufkraft anschauen. Ein Zyprer bekommt für 200 Euro vielleicht weniger als ein Grieche oder ein Slowake. Man kann es aber auch aus den verschiedenen historischen und kulturellen Kontexten heraus erklären, denn dahinter steht letztlich die Frage nach der Gerechtigkeit, und diese Frage muss beantwortet werden. Sie ist in den letzten Jahrzehnten leider auf die erste Frage, nämlich auf die Frage nach der Marktangemessenheit bzw. der Wettbewerbsfähigkeit, reduziert worden und damit ist die Gerechtigkeitsfrage völlig aus dem Blickfeld geraten. Was wir jetzt in der Krise, aber auch zuvor, immer wieder spüren ist das Gefühl der Ungerechtigkeit, des Zorns und der Wut, die Ressentiments fördern und eben Zusammenhalt zerstören.

*In der Krise spüren wir das Gefühl der Ungerechtigkeit, des Zorns und der Wut.*

Um auf die Lohnunterschiede zurückzukommen: Wenn wir nur nach dem Durchschnitt zwischen ganz reich und ganz arm schauen, dann verstehen wir nicht die konkrete soziale und materielle Situation der Menschen. Sich ungerecht behandelt zu fühlen, Vertrauensverlust zu spüren, das ist mehr und vielleicht wichtiger als die rein materielle Seite der Unterschiede. Man muss sich also als Politiker fragen: Wie verlässlich habe ich gehandelt? Welche Informationen habe ich gegeben, welche nicht und warum nicht? Von dieser Position aus betrachtet sind die konkreten Lohnunterschiede weniger entscheidend.

*Fehlt Ihnen in der Politik diese Art der Ehrlichkeit, dass die Risiken klar benannt und Perspektiven erläutert werden? Und schließlich auch das Eingeständnis von etwaigen Fehlern?*

Schwan: Wie ich als Politiker mit der Bevölkerung umgehe, das ist ein ganz wichtiger Punkt. Mich hat sehr gestört, gerade auch von öffentlichen Funktionsträgern in der Politik einschließlich der Kanzlerin, dass die Situation in Europa immer wieder so dargestellt worden ist, als hätten die Deutschen keinen Verantwortungsanteil an dem, was schiefgelaufen ist. Gleichzeitig hätten wir plötzlich aber ganz viele Haftungsverpflichtungen. Diese Deutung ist irreführend. Auch die deutsche Politik hat ihren Verantwortungsanteil an dem, was geschehen ist. Gleichzeitig haben sich die deutschen Banken genauso verzockt wie andere Banken und deutsche Unternehmen haben sich für Griechenland Hermes-Bürgschaften für Aktivitäten im Waffenhandel geben lassen, die völlig unsinnig sind usw. Den Deutschen geht es heute vergleichsweise sehr gut. Mit anderen Worten: Diese Darstellung, als seien wir die Oberklasse und würden nun von den anderen ausgebeutet, ist absolut verantwortungslos. Auf dieser Grundlage kann gar kein Gerechtigkeitsgefühl entstehen, weder in Deutschland noch bei den Nachbarn.

*Retten die Deutschen mit den Hilfen für die kriselnden Länder letztlich doch nur ihre eigenen Banken?*

Schwan: Natürlich. Noch einen Schritt weiter: es gibt gute Gründe anzunehmen, dass zum Beispiel die irische Regierung ihre Banken ursprünglich gar nicht retten wollte, dass aber von der deutschen Regierung ein erheblicher Druck auf sie ausgeübt wurde, die Banken zu retten. An den irischen Banken hatten deutsche Banken einen erheblichen Anteil und daher waren sich die Kräfte in Deutschland alle einig, dass man die irischen Banken nicht bankrott gehen lassen durfte. Danach die irischen Staatsschulden zu beklagen und zu sagen, die Politik handele verantwortungslos, ist in meiner Sicht einfach schlitzohrig.

*Angesichts der sozialen Unterschiede in Europa, die nicht zuletzt auch der Sozialbericht der EU Kommission deutlich gemacht hat, scheint die Frage nach dem Zusammenhalt berechtigt zu sein. Müssen wir uns um das Lebensmodell der Vielheit in Europa sorgen?*

Schwan: Einem Polen müssen Sie den Zusammenhalt in Europa gar nicht so sehr kommunizieren, weil die Polen mehrheitlich nach wie vor für Europa sind, weil sie registriert haben, was sie zunächst gar nicht so erwartet hatten, dass sie nämlich davon profitieren. Zum Beispiel bei der Modernisierung der Landwirtschaft. Wichtig ist mir, dass die Politiker sich regelmäßig in die Rolle der verschiedenen Bürger versetzen und sich anschauen, wie ihre Entscheidungen aus der anderen Perspektive wirken. Wie sieht es aus der Sicht eines Polen, aus der Sicht eines Franzosen, eines Italieners, eines Portugiesen aus, wenn zum Beispiel die Deutschen bei den Staatsanleihen auf gar keinen Fall irgendeine Bürgschaft beim Abbau der Schulden übernehmen wollen, wenn sie gegenüber der eigenen Gesellschaft aber gleichzeitig so tun, als würden sie wahnsinnig solidarisch sein. Alle wissen, dass Deutschland de facto gegenwärtig von der Krise profitiert. Es war für mich eine sehr interessante Erfahrung, als Herr Schäuble auf einer öffentlichen Veranstaltung vor ein paar Monaten gefragt wurde, wie viel die Deutschen denn noch zahlen sollten. Er antwortete: Wir haben bisher nichts gezahlt, wir haben nur verdient. Der Fragesteller war auf diese Antwort nicht gefasst und entsprechend perplex, denn bislang wurde immer suggeriert, wir würden schon zahlen, statt zu sagen, wir haften. Aber warum haften wir eigentlich? Weil wir den Schlamassel, der entsteht, wenn die ganze Rettung schiefläuft, nicht riskie-

*Alle wissen, dass Deutschland de facto von der Krise profitiert.*

ren wollen. Vor allem für unsere starke Wirtschaft wären die Auswirkungen ungewiss. Das eigene Interesse ist da sehr ausgeprägt und das sehen unsere Nachbarn natürlich auch. Wenn wir uns dann nach außen so darstellen, als würden wir uns eigentlich nur altruistisch verhalten, dann schafft das verständlichen Ärger.

Die Griechen haben genau ausgerechnet, wie groß unser Vorteil durch die niedrigen Anleihezinsen ist. Wir sollten daher vor allem fairer kommunizieren und transparenter darstellen und nicht immer nach den Wählern im eigenen Lande schielen, die uns vielleicht wiederwählen, weil sie sich geschmeichelt fühlen oder sich in ihren Vorurteilen bestätigt sehen. Übrigens glaube ich, dass die Bürgerinnen und Bürger viel mehr Aufrichtigkeit vertragen. Und ich freue mich ehrlich gesagt auch, dass es jetzt diese alternative Partei gibt, deren Programm mich zwar nicht überzeugt, die Personen auch nicht, aber die darauf besteht, dass es überhaupt eine Alternative zur aktuellen Politik der Bundesregierung gibt. Sie zwingen die etablierten Parteien dazu, ihre Entscheidungen genauer zu begründen. Es wird sich wahrscheinlich herausstellen, dass diese Alternative nicht attraktiv ist, aber dann hat es immerhin eine Alternative gegeben; das begrüße ich.

*Die im Bundestag vertretenen Parteien haben hinsichtlich der Krise in Europa bereits sehr unterschiedliche Meinungen. Gerade was die langfristigen Erfolge des Sparkurses angeht. Welche Position fehlt Ihnen?*

Schwan: Es ist wichtig, dass mehr Begründungen im öffentlichen Raum diskutiert werden. Ich finde, es gab ein Defizit an Begründungen wegen des Zeitdrucks, der pausenlos suggeriert wurde. Immer musste bis dann und dann entschieden werden und die Begründung lautete immer: Es geht jetzt nicht anders, die Zeit drängt. Was natürlich dazu geführt hat, dass sich Menschen auf längere Sicht fragen, wo die Gestaltungsfähigkeit der Politik bleibt, wenn sie doch nur Sachzwangentscheidungen trifft.

*Entscheidungen, die unter Zeitdruck gefällt werden müssen, wird es voraussichtlich weiterhin geben. Gleichzeitig bedarf demokratische Legitimation durch die Parlamente ebenfalls Zeit. Brauchen wir mehr Institutionalisierung in Europa, damit Entscheidungen schnell bei gleichzeitig hoher demokratischer Legitimation getroffen werden können? Wäre zum Beispiel ein dauerhafter, institutionalisierter Finanzausgleich zwischen den Mitgliedstaaten ein geeignetes Instrument, um die Unterschiede auszugleichen?*

Schwan: Ob es attraktiv ist, von Transferzahlungen zu sprechen, weiß ich nicht. Es ist jedenfalls nicht abstoßend, wenn man aus Gründen an Europa hängt, die diese eventuell negativen Transferzahlungen kompensieren. Wenn es sich für die Länder aus rein ökonomischer Sicht lohnt und der Zusammenhalt funktioniert, dann wäre das eine Möglichkeit. Innerhalb Deutschlands hakt es beim Finanzausgleich auch an einigen Ecken, aber selbst Bayern oder Niedersachsen würden nicht auf die Idee kommen, eigene Währungen einzuführen und sich dadurch ökonomisch abkoppeln, d.h., dass ein einheitlicher, zwischen den Bundesländern entgrenzter Wirtschaftsraum von Vorteil ist. Und ich denke, das ist auch für die Europäische Union so. Man sollte sich aber nicht allzu stark auf die Transferzahlungen konzentrieren. Sie suggerieren nämlich eine allgemeine Spaltung, die nicht zutrifft. Es gibt nicht den einen Teil, der auf Transfers angewiesen ist, der nur Nutznießer von den anderen, den großzügigen Geldgebern ist. Das ist keine realistische Beschreibung der Situation. Vielmehr müsste man schauen, was welches europäische Land beitragen kann, worin es gut oder am besten ist, damit die Länder gemeinsam eine Perspektive haben. Das wird im Ansatz jetzt bei Zypern diskutiert. Was hilft es denn, wenn wir jetzt harte Maßnahmen durchsetzen, wenn es dann keine realistische Perspektive gibt, dass die Wirtschaft dort wieder auf die Beine kommt? Dieses Vorgehen sehe ich bei der jetzigen Bundesregierung sehr kritisch und zwar deswegen, weil sie de facto einen Rieseneinfluss auf die Entwicklung in Europa hat. Aber sie nutzt dieses Gestaltungsmoment nicht positiv für Europa, sondern sie betet fantasielos und gebetsmühlenartig nur ihre Sparposition herunter. Die Frage, ob wir denn wirklich einen Aufschwung hinkriegen, wenn alle Nachbarn immer mehr in die Rezession geraten, in diesem europäischen System von kommunizierenden Röhren, diese Frage wird nicht wirklich gestellt. Stattdessen wird ein Theorem aufgestellt: Haushaltskonsolidierungspolitik sei eo ipso Wachstumspolitik. Das ist aber nur in einem bestimmten Gedankengebäude so. Nach allem, was wir in der Wirklichkeit jetzt sehen, ist das aber gerade nicht so. Wenn man wirklich überzeugt davon wäre, dass nur die Austerity-Politik wieder zu Wachstum führt, dann könnte man das auch offen debattieren. Aber dass die öffentliche Debatte der Alternativen vermieden wird, ist für mich ein Indiz dafür, dass man die eigene Position einfach durchsetzen will.

Ich fände es gut, wenn deutsche Unternehmen in den kriselnden Ländern wieder richtig investieren. Allerdings nicht mit Hermes-Bürgschaften in Kohlekraftwerke, sondern zum Beispiel in die Infrastruktur für erneuerbare Energien, also für Solar und Wind. Das wäre eine langfristige, wachstumsorientierte Investition, da die Länder in Südeuropa reich an Sonne und Wind sind. Unser Kapital sucht geradezu Anlagen, also sollten wir schauen, welche komparativen Vorteile in diesen Ländern bestehen. Man könnte dabei an solidarische Bürgschaften oder europäische Investitionsfonds denken. Das würde dann keinen reinen Transfer von Geldströmen bedeuten, sondern es würde die Chance beinhalten, Industrie aufzubauen, für die es beispielsweise in Spanien viele ausgebildete Menschen gibt. Es ist wirklich tragisch, dass gerade die am besten ausgebildeten jungen Spanier wegen der Krise ihr Land verlassen. Die vorgeschlagene Art von Solidarität setzt aber voraus,

dass ich mir überhaupt vorzustellen vermag, wie es gesamteuropäisch weitergehen kann und welche Win-Win-Situatio-
nen sich vielleicht sogar herstellen lassen.

*Das klingt sehr nach einer europäischen Arbeitsteilung: Jeder pro-
duziert das, was er am besten kann bzw. wozu sein Land die besten
Voraussetzungen hat. Das würde die Länder aber voneinander ab-
hängiger machen. Wird Europa dadurch krisenfester oder tauschen
wir nur Solidarität durch gegenseitige Abhängigkeit aus?*

Schwan: Europa würde dann auf jeden Fall mehr Spaß machen. Und wir sind ja längst wirtschaftlich voneinander abhängig. In Deutschland beobachte ich eine zunehmende Morali-
sierung der volkswirtschaftlichen Entscheidungen, die ich für
völlig unangemessen halte. Die Prozesse können nicht einfach
mit dem Modell der »schwäbischen Hausfrau« beurteilt werden. Ob das auch für die Niederländer und die Finnen zutrifft,
die oft eine ähnliche Meinung haben, das kann ich nicht sagen.
Die Sache ist halt komplexer und man muss diesen Perspek-
tivwechsel einfach mal vornehmen und schauen, wo es Möglichkeiten einer Reindustrialisierung gibt, denn das ist doch
eine unserer großen Herausforderungen, dass der so genannte Dienstleistungssektor, sofern er reiner Bankensektor ist, zu
groß geworden ist.

*Vielfach erleben wir aber geradezu einen anderen Perspektivwech-
sel, nämlich stärker auf das Eigene, Nationale. Rechtspopulistische
Parteien finden in mehreren Ländern großen Zuspruch. Hier ent-
lädt sich offenbar eine Menge Enttäuschung und Frustration über
Europa. Wie schätzen Sie die Relevanz dieser politischen Strömungen vor allem angesichts der Krise ein?*

Schwan: Ich glaube nicht, dass man das empirisch quantita-
tiv genau sagen kann, aber ich meine, dass solche Strömungen
in dem Maße Zulauf bekommen, wie die materielle und die

psychische Situation der Menschen zu Ressentiments einlädt. Entweder, weil man keine materielle Perspektive mehr sieht, oder – was fast noch schlimmer ist – weil man in der eigenen Lebensführung gedemütigt ist. Auch das ist übrigens ein Teil von Hartz IV gewesen, wenn Sie plötzlich Arbeiten machen müssen, die fern von Ihrer Ausbildung liegen, und Sie sehr schnell sozial absteigen können. Damit eng verbunden sind Ohnmachtsgefühle. Ich gehe gerne analytisch gegen die rechtspopulistischen Bewegungen an, indem ich schaue, welches die sozialpsychologischen Bedingungen sind, unter denen sie entstehen, um sie dann effektiv überwinden zu können. Dass sie mir nicht sympathisch sind, versteht sich von selbst. Wilhelm Heitmeyer in Bielefeld hat viele Studien dazu vorgestellt, und man kann ziemlich genau die Korrelation sehen, dass Ohnmacht dazu verführt, sich seine eigene Macht durch Gewalttätigkeit und Ressentiments gegenüber dem Schwächeren zu beweisen. Dieses Bedürfnis bricht aus, wenn man selbst keine Macht hat, wenn sie einem zum Beispiel genommen wurde. Ich sehe ein großes Problem darin, wenn wir keinen Weg finden, den Enttäuschten in der Gesellschaft neue Perspektiven zu eröffnen. Wenn dies nicht gelingt, werden rechtsextreme Strömungen immer wieder neue Anhänger finden. Für Europa ist das ein großes Problem, denn Ressentiments zum Beispiel gegenüber den Zyprern müssen schnell aufgeklärt und entkräftet werden, damit sie sich nicht verfestigen.

*Müsste die EU, oder besser gesagt, müssten die Mitgliedstaaten noch deutlicher machen, dass Länder, die ihren Rechtsstaat zerlegen, nicht erwünscht sind? Sollte es vielleicht sogar die Möglichkeit in der EU geben, Länder auszuschließen, statt nur das Stimmrecht im Rat zu entziehen?*

Schwan: Ich bin keine große Kennerin von Ungarn, aber bei Ungarn muss man sich sicherlich daran erinnern, dass das Land bis 1989 keine einzige zusammenhängende demokratische Phase hatte. Nach dem Trianon-Vertrag ist Ungarn deutlich nach rechts gerückt, und man muss auch sagen, dass der Trianon-Vertrag für Ungarn subjektiv gesehen einen erheblichen Einschnitt bedeutet hat, was Territorium und Bevölkerungsanteil angeht. Ich habe das Gefühl, der ungarische Ministerpräsident kann sich nur so nationalistisch verhalten, weil die Schicht derer, die sich politisch-kulturell wirklich mit einer gewaltenteiligen westlichen Demokratie identifizieren, noch sehr klein ist. Das heißt, der Resonanzboden für diese sehr nationalistischen, auch sehr antisemitischen Parolen ist groß. In Studien zur politischen Kultur kann man das auch sehen: Wir haben in den verschiedenen Ländern und Gesellschaften nicht *eine* einheitliche Meinung, wir haben unterschiedliche Gruppen, aber auch die haben nicht immer kontinuierlich dieselbe Meinung. Bei jedem einzelnen Individuum können Sie beobachten, dass es verschiedene Stimmungen, Meinungen, Positionen beherbergt, und das kann sich, je nach Kontext, sehr schnell ändern. Und wenn der Kontext negativ wird, dann ändert sich das nicht zum Guten, zur Solidarität hin, sondern dann geschieht es leicht, dass Sündenböcke gesucht und plakative Lösungen propagiert werden.

Ich war vor Kurzem in Costa Rica, einem karibischen Land, dem es relativ gut geht. Mein Mann und ich waren aber verblüfft, wie alle Häuser in San José mit Stacheldraht geschützt werden, das ist gespenstisch. Die Bürger sitzen in ihrem Haus wie in einem Käfig, die Terrassen sind noch mal innerhalb des Zauns mit einem Käfig gesichert usw. Sicherheit ist offenbar ein riesiges Problem. Als Antwort darauf, wie diese Unsicherheit in den letzten 20 Jahren entstanden sei, sagte man uns, man müsse sich vor den Ausländern, vor allem den Nicaraguanern schützen. Das ist so eine klassische, weil einfache Formel: Da kommen die Fremden aus Nicaragua, um in Costa Rica überall zu klauen. Das scheint mir eher die Projektion von eigenen Problemen auf andere zu sein. Man hat zwar selbst eigentlich nichts Genaues gesehen, vermutlich auch nur davon gehört, aber die Erklärung funktioniert, weil »die Anderen« schuld sind. Und dann kommen die Abschiebe-Forderungen usw. – alles hilflose Versuche.

*Wenn einfache Erklärungen eine gewisse Plausibilität haben, dann bleiben sie leicht und über die Zeit tief in der Bevölkerung verhaftet. Das kann man immer wieder beobachten. Welche Ressentiments sind in Europa besonders ausgeprägt?*

Schwan: Sie können das beispielsweise am Rentensystem sehen. Die Rentensysteme in den europäischen Ländern sind sehr verschieden voneinander, sie haben historische Wurzeln und man kann sie nicht einfach von heute auf morgen ändern. Das sehen sie in Deutschland sehr gut. Das Reizwort »Rente mit 67, 65, 61« führt dazu, dass die Menschen anfangen zu vergleichen: Aha, in Griechenland gehen sie ganz früh in Rente und in Frankreich auch viel früher, und dann sollen wir das alles zahlen. Das hörte man auch bei einigen Anhängern der neuen Partei Die Alternative, und das hat zum Beispiel auch die Kanzlerin gesagt: sie könne einem deutschen Rentner nicht erklären, dass ein jüngerer Rentner in Griechenland am Strand in der Sonne liegt. Ich werde das nicht vergessen! In Wirklichkeit war das Unsinn und sie hat auch entsprechend energische Dementis bekommen, weil die Griechen statistisch mit – wenn ich das richtig in Erinnerung habe – aktuell 64,3 und die Deutschen mit 64,7 Jahren in Rente gehen, das ist gerade mal wenige Zehntel Jahre auseinander. Es geht hier um das tatsächliche Renteneintrittsalter, nicht um das gesetzlich vorgegebene. Zudem sind auch die Regelungen sehr komplex, zum Beispiel die Vorbedingungen für den Bezug der vollen Rente. Die kann man nicht in drei Sätzen im Radio ausdrücken. In Frankreich war das der Fall, dass sowohl bei den Rentenreformen des neuen Präsidenten als auch von Sarkozy Einzelheiten verändert wurden, die man als Außenstehender nicht überblickt. Und wenn Menschen nicht involviert sind, dann haben sie auch nur wenig

Verständnis dafür, wie kompliziert solche Materien woanders sind. Es ist dann die Aufgabe der politischen Eliten, der Amtsträger, eben nicht einseitige und abschätzige Interpretationen zu begünstigen, sondern darauf hinzuweisen, dass es sehr differenziert zugeht und in Wirklichkeit gar nicht so ungerecht ist, weil man dies und das berücksichtigt hat, was die Sache aber kompliziert gemacht hat etc.

Alle diese Regelungen und Reformen sind voneinander nicht total verschieden, sie sind halt anders gewachsen und man muss sie sich anschauen. Aber man kann sie verstehen. Sie können auch nicht alle vorhandenen materiellen Verhältnisse so abbilden, dass jeder sein Optimum an individueller Gerechtigkeit erfährt, aber Sie können verhindern, dass Ungerechtigkeitsgefühle entstehen, nur weil man sich nicht genau anschaut, worum es eigentlich geht.

*Der Bürger kann aber doch den Anspruch an die Politik haben, dass sie verständliche Gesetze formuliert und auch in der Lage ist, diese zu erklären. Fehlt hier die richtig politische Kommunikation?*

Schwan: Ja, und das Kommunikationsproblem in Europa hat auch eine Logik. Insbesondere seit dem Maastrichter Vertrag wurde der Begriff des Standortwettbewerbs in Europa massiv propagiert und zwar durch alle medialen Kanäle. Den Begriff gab es vorher schon, aber die Europäische Kommission hat mit ihrer – ich würde sagen – marktradikalen Politik den Standortwettbewerb enorm forciert. Standortwettbewerb heißt, dass die Staaten miteinander in Wettbewerb treten, nicht aber die Unternehmen. Wenn Staaten miteinander in Wettbewerb treten, versuchen sie, sich gegenseitig in Sachen Kapitalinvestition das durch Reduktion von Steuern und Sozialleistungen das Wasser abzugraben. Das hat aber in Europa dazu geführt, dass über die bestehenden, tradierten Vorbehalte und Vorurteile hinaus

*Wenn Staaten miteinander in Wettbewerb treten, versuchen sie, sich gegenseitig das Wasser abzugraben.*

die Gegnerschaft zwischen den Nationalstaaten verstärkt wurde. Mit Entsenderichtlinien usw. hat das seine Fortsetzung genommen.

Ein anderer Punkt, der zu einer Renationalisierung geführt hat, ist die Interessensvertretung im Europäischen Rat. Die Staats- und Regierungschefs im Rat handeln nur mit Rekurs auf ihre nationale Wählerschaft. Wenige Ausnahmen sind Momente wie der Ausbruch der Finanzkrise, bei der sie gemeinsam den Untergang fürchteten. Aber nationale Abstriche nehmen sie möglichst unter der Decke vor, kommen statt dessen immer mit Erklärungen aus Brüssel in ihre Hauptstädte zurück, die das Gemeinsame zurückstellen, und betonen, sie hätten als Deutsche, als Ire, als Grieche das Bestmögliche für das eigene Land herausgeschlagen. Auch dieses Auftreten fördert die Gegensätze in Europa, statt der Gemeinsamkeiten.

**TEIL 2**
**Bedrohungen und Herausforderungen für Politik, Wirtschaft und das soziale Miteinander: Wie tief sitzt der Stachel der Krise in der Gesellschaft?**

*Der österreichische Schriftsteller Robert Menasse hat in seinem Buch »Der europäische Landbote« unter anderem die Rolle des Rates kritisiert. Gleichzeitig betont er aber auch den Wert Europas als supranationales Projekt zur Überwindung des Nationalstaats. Sehen Sie eine Chance für diese Überwindung des Nationalstaats?*

Schwan: Der Europäische Rat ist in seiner Konstruktion schon ein Problem. Zum einen ist er nicht rein gouvernemental, weil die Regierungen keine souveränen politischen Akteure mehr sind. Sie hängen voneinander ab. Zum anderen stehen sie innenpolitisch unter dem Druck wichtiger gesellschaftlicher Gruppierungen. Dieser Druck gilt auch für Europa. Wenn Sie sich zum Beispiel die europäische Technologie- und Forschungspolitik anschauen, dann fällt schnell auf, dass diese Forschungspolitik zu großen Teilen durch in Brüssel ansässige Lobbygruppen beeinflusst wird. Das sind oft keine nationalen Wirtschaftslobbys, sondern sektoral organisierte, die darauf einwirken, welche Forschungsprogramme mit wie viel Geld gefördert werden. Vor Kurzem habe ich gelesen, dass ein Drittel von diesen Geldern wieder in die Industrieforschung geht; das sind Billionen in fünf Jahren. Heraus kommen also keine unabhängigen wissenschaftlichen Forschungen, sondern durch preassure groups entstandene Programme, die dann zugunsten der eigenen Unternehmen verwendet werden. Und das ist nicht mehr gouvernemental, sondern transgouvernemental, denn es ist grenzübergreifend. Aber es wird gleichzeitig in den nationalen Bereichen vorbereitet. Bei solchen Entscheidungen machen manche Regierungen oft gemeinsame Sache. Die Bundesregierung hat im Forschungsministerium zum Beispiel einen Rat eingeführt, der weitgehend auch die Forschungs- und Technologieprogramme vorbereitet, und darin sind nur Vertreter aus der Wirtschaft und der Regierung, aber kein Vertreter einer NGO. Wenn ich das richtig sehe, sind auch keine Parlamentarier der Opposition berücksichtigt. Das kann leider einfach so geschehen, und dort wird dann über hohe Summen, über zukünftige Lebensstile, über unendlich viele Fragen entschieden, weit über eine Legislaturperiode hinaus. Von der Analyse her würde ich sagen, dass dies Ausdruck einer bürokratisch-technokratischen Herrschaft ist, die dort grenzüberschreitend entsteht, wo demokratischer öffentlicher Diskurs und Transparenz kaum noch eine Rolle spielen.

*Dann haben wir also nicht nur ein Kommunikationsproblem in Europa, sondern auch ein Defizit an inhaltlicher Auseinandersetzung in politischen Fragen?*

Schwan: So ist es. Kommunikation wird nämlich nie erfolgreich sein ohne die entsprechend intensive Auseinandersetzung. Wie bei der Kommunikation gilt: Inhaltsschwache Formulierungen wie »aus der Sachlogik heraus ergibt sich dies und das«, das reicht nicht. Es wird mit ein paar Obersätzen so getan, als wären die Entscheidungen zwangsläufig und ohnehin schon gefallen. Ein häufig verwendeter Obersatz zum Beispiel ist: »Die Wettbewerbsfähigkeit muss gestärkt werden«. Unter diesen Begriff können Sie alles stecken, gänzlich gleich, ob sie eher links, rechts oder noch woanders stehen. Aber ob wir in 20 Jahren wirklich so leben wollen, wie die Interpretation dieses Obersatzes lautet, das ist eine ganz andere, nämlich die entscheidende Frage. Leider werden viele langfristig wirkende und teilweise sehr teure Entscheidungen ohne parlamentarische Debatten gefällt. Allein im Forschungsbereich gibt es einen enormen Finanzzuwachs im BMBF.

*Leider werden viele langfristig wirkende Entscheidungen ohne parlamentarische Debatten gefällt.*

*Bevor wir uns mit konkreten Lösungswegen für Europa beschäftigen, was für eine Art Krise ist das eigentlich? Sie sprechen oft von einer kulturellen Krise, weil ihre Ursachen in der Gesellschaft breit verteilt sind. Was kennzeichnet diese politisch-kulturelle Krise im Kern?*

Schwan: Wenn man Krisen erklärt, kann man entweder vom subjektiven Verhalten der Menschen ausgehen oder von systemischen Voraussetzungen. Dazu zähle ich auch die kulturellen Voraussetzungen. Am besten ist es, man sieht beides zusammen, weil ich nicht glaube, dass das eine vom anderen getrennt werden kann. Wenn ich aber nur die kulturelle Seite betrachte, dann hat man zum Beispiel bei der Banken- und Immobilienkrise gesehen, dass eine gehäufte Verantwortungslosigkeit auftrat, weil die Akteure sich nicht veranlasst sahen, die Geschäfte, die sie machten, selbst überhaupt zu verstehen oder auch daraufhin zu überprüfen, was sie für Folgen ha-

*Ich halte daher eine flächendeckende Verantwortungslosigkeit für den Kern dieser Krise.*

ben können. Ich halte daher eine flächendeckende Verantwortungslosigkeit für den Kern dieser Krise und weil sie so grassierende Auswüchse genommen hat, spreche ich von einer Kultur der Verantwortungslosigkeit, die sich breit gemacht hat. Ich spreche nicht von Gier, weil Gier etwas ist, was Sie als anthropologische Konstante bei jedem Menschen sehen können, zumindest als Potenzial.

*Gier kann man zudem auch positiv interpretieren, sie steckt zum Beispiel in der Neugier.*

Schwan: Ja, Neugier ist nicht unbedingt negativ, es sei denn, man meint, vom Baum der Erkenntnis gegessen zu haben, ist schlecht. Aber ich würde es selbst als Katholikin nicht so interpretieren. Verantwortungslosigkeit aber ist absolut negativ, denn Verantwortung übernimmt man freiwillig. Welche systemischen Voraussetzungen begünstigen also die Übernahme von Verantwortung und welche nicht? Das ist natürlich ein unendliches Thema, aber die Suche nach einer ersten Spur würde wohl in der Familie ansetzen. Ich glaube, dass in dem Maße, wie Menschen in sozialen Kontexten – vor allem in der Familie – in dem Gefühl aufwachsen, dass es notwendig ist, solidarisch zu sein und dies gleichzeitig als etwas Positives erleben, in dem Maße werden Verantwortung und Solidarität steigen. Anders ist es, wenn man in dem Gefühl aufwächst, dass man vor allen Dingen darauf achten muss, dass man selbst gewinnt, und die anderen dadurch verlieren. Das heißt, wenn der Wettbewerb in einer Gesellschaft der Hauptmotor für Leistung ist, dann stellen Sie sich immer gegen andere und gucken immer nur, wie Sie Ihr Terrain verteidigen und neues hinzugewinnen, ohne die Folgekosten insgesamt für alle zu berücksichtigen. Wenn wir langfristig überleben wollen, dann brauchen wir gerade solidarisch-systemische Verhaltensweisen und nicht das individuelle Nach-vorne-Kommen ohne Blick nach rechts und links. Die Verantwortungslosigkeit entspricht dieser völlig manischen Wettbewerbsorientierung, die ich leider in vielen Politikbereichen sehe, u. a. auch in der Bildungspolitik. Das ist heute ein Lebensgefühl geworden: wenn ich nicht schon mit drei Jahren vier Sprachen kann, dann gehe ich im globalen Wettbewerb unter und bin verloren usw. Ich persönlich bin nicht in diesem Lebensgefühl aufgewachsen, aber wenn Sie in dieses Lebensgefühl kommen, was ja oft gar nicht verbalisiert wird, da es von den Eltern einfach weitergegeben wird, dann entsteht eine Fokussierung, ein Tunnelblick auf das Eigene – und das ist ein Einfallstor für Verantwortungslosigkeit. Dieses Eigene ist ziemlich genau das, was Erich Fromm das Haben nennt, im Gegensatz zum Sein.

*Wie könnte man diese Deformation des Systems beheben? Müsste man in die Studiengänge hineinschauen und vielleicht im BWL-Studium mehr Ethik und Geschichte des Wirtschaftens lehren? Wäre das ausreichend, um eine Verantwortungselite auszubilden?*

Schwan: Die so genannten Randfächer Geschichte oder Soziologie der Wirtschaft sind sicher wichtig. Aber zunächst möchte ich klarstellen, dass ich den Begriff Elite vermeide, auch als Verantwortungselite, Leistungselite etc., weil ich die Idee einer Elite für irreführend und sogar schädlich halte. Schädlich, weil ich es noch nie erlebt habe, dass eine Elite, also eine Gruppe, die sich gegenüber dem Rest hervorhebt, sich vor Verantwortung nicht lassen kann und sich um die anderen kümmert, statt im Club Méditerranée baden zu gehen. Diese Annahme hielte ich für naiv. Der Begriff ist zweitens irreführend, weil er eine Sicht auf die Qualitäten, Fähigkeiten und Leistungen des Einzelnen in der Gesellschaft nahelegt, die hierarchisiert und geordnet werden könnten: Die einen sind dann oben und die anderen unten. Das ist aber Unsinn. Wenn Sie zum Beispiel eine große Erfindung machen wollen, dann kann es gut sein, dass das, was in einem Schulsystem hierar-

*Ich halte die Idee einer Elite für irreführend und sogar schädlich.*

chisch ganz oben steht, völlig dysfunktional ist, weil Sie alles immer geordnet und abgelegt haben. Zielführender wäre es stattdessen, wenn Sie einfach bestimmten Überlegungen hartnäckig folgen würden und plötzlich sehen Sie da etwas, was vor Ihnen noch keiner gesehen hat.

Es ist auch höchst fraglich, wer überhaupt die Leistungsträger in einer Gesellschaft sind. Sind das die Steuerberater, die die Steuern ihrer Klienten reduzieren, oder ist das die Krankenschwester, die auf der Intensivstation weiß, wann sie eingreifen muss, um Leben zu retten? Unsere Talente sind nun mal verschieden und es ist nicht gerechtfertigt, diese hierarchisch zu ordnen. Wie kann man aber eine Veränderung des Systems erreichen? Man muss den gesamten Blick auf Bildung, Erziehung und Wissenschaft ändern, von der individualisierten Wettbewerbssituation, in der in der häufig zitierten »Wissensvermittlung« bestimmte vorgegebene Stoffmengen verarbeitet werden, hin zu einem Blick der Potenzialentfaltung von Individuen, welche (sozial verträglichen) Potenziale das auch immer sind. Ob Sie tänzerische Fähigkeiten haben oder musische oder malerische oder handwerkliche oder eine Mischung von emotionaler und analytischer Intelligenz, sie sind alle für eine funktionierende Gesellschaft enorm wichtig. Und diese zu entfalten, darauf kommt es an. Ich bin da aber zunehmend optimistisch, weil diese Erkenntnis in der Wirtschaft langsam ankommt. Aber auch in vielen Familien, die unter dem jetzigen Bildungssystem leiden, weil die Kinder krank werden, da sie sich mit Anforderungen und Druck quälen, die nicht ihren Fähigkeiten entsprechen. Unter Umständen können sie dann sogar depressiv werden und dann werfen die Väter den Müttern vor, dass sie nicht genug mit dem Kind geübt hätten und all diese ganzen Malheur-Erfahrungen in Familien. Ich glaube, dass da eine Veränderung im Gange ist, weil das Bedürfnis gewachsen ist, von der individuellen Wettbewerbslernsituation hin zu einer teambildenden, kooperativen Potenzialentfaltung zu kommen, wo man sich gegenseitig ergänzt. Dadurch steigen auch die Freude und das Wohlbefinden der einzelnen, da sie sich sinnvoll in die Gesellschaft einbringen, das gibt viel zurück. Das ist zwar sehr idealtypisch formuliert, aber das ist hilfreich, um die Gegensätze zu verdeutlichen.

*Wie zeigt sich der Wandel konkret in der Wirtschaft?*

Schwan: Unternehmen haben lange gedacht, dass sie mit den 1,0-Absolventen aus den BWL-Studiengängen, die sie schon nach fünf Semestern für sich heranziehen, gut fahren. Diese Sicht setzt voraus, dass bestimmte Entwicklungsbahnen im Unternehmen vorhersehbar sind. Das sind sie heute aber nicht mehr. Die Vorhersehbarkeit hat sich grundlegend geändert und wenn Dinge nicht mehr vorhersehbar sind, dann müssen Sie ein ganz anderes Reaktionsvermögen haben. Und dann brauchen Sie andere Potenziale als fünf Semester standardisiertes BWL-Studium.

## TEIL 3
### Finalité Européenne: Wie gestalten wir die Zukunft Europas?

*Die Wahrnehmung von Verantwortung in der Gesellschaft ist in der Finanzkrise groß thematisiert worden. Was kann die EU auf systemischer Ebene dazu beitragen, dass die Konsequenzen von Entscheidungen stärker berücksichtigt werden? Welche Reformen wären dafür nötig?*

Schwan: Man fordert vielfach, dass die Währungsunion eine Art Fundamentierung braucht und zwar in einer politischen Union, weil man nicht eine gemeinsame Währung haben kann, wenn die Wirtschafts- und Finanzpolitik unterschiedlich sind. Es ist zwar vorstellbar, dass eine gemeinsame Währung auch mit erheblichen Unterschieden der Art der Produktion oder der Produktivität zurechtkommt, aber es hat bereits immer wieder Versuche der Angleichung gegeben, besonders nach Maastricht 1992, das hat aber nicht geklappt. Zum Beispiel wurde die drei Prozent Schuldenbremse von gleich mehreren Mitgliedsstaaten gerissen, darunter auch Deutschland. Wenn man jetzt also eine weiter gehende politische Union fordert, dann sollte man dies nicht innerhalb des dichotomen Denkmusters tun, das auf der einen Seite den Nationalstaat und auf der anderen Seite die supranationale EU sieht. Man darf auch nicht den Begriff der Subsidiarität so schwammig belassen wie bisher geschehen, wo keiner wirklich weiß, was genau supranational, was national und was regional angegangen und entschieden werden muss. In diesem Denkmuster kann man nur entweder eine Stärkung des nationalen Souveränität fordern oder man sagt, mehr Kompetenzen müssen nach Brüssel und man muss die nationalen Befindlichkeiten herabstufen. Ersteres führt zur Auflösung der Europäischen Union oder – de facto – zur Stärkung einer exekutiv-technokratischen Union, in der die Institutionen in Brüssel nur pro forma gestärkt werden, die Entscheidungen aber von den Regierungen in den Ländern und den Ministerialbürokratien getroffen werden. Was der Minister nachher sagt, das ist alles vorher ausgearbeitet worden. Fatal daran ist, dass das Europaparlament weiterhin wenig Wirkung entfalten kann.

Das Europaparlament aber halte ich für *den* zentralen Akteur. Ich glaube, dass die Abgeordneten, zum Beispiel ein italienischer, durchaus gute Argumente dafür hat, was für Sizilien gut ist und an der Ausarbeitung einer Wirtschaftsstrategie für Italien partizipieren und gleichzeitig europäisch und international denken kann. Wir sollten die parlamentarische Ebene daher so stärken, dass es mehr strategische Verschränkung von nationalen und europäischen Parlamentariern gibt, und nicht eine zweite Kammer der nationalen Parlamente einführen, nicht eine Konkurrenz zwischen Europaparlament und nationalen Parlamenten schaffen. Für die Haushaltsaufstellung,

*Das Europaparlament halte ich für den zentralen Akteur.*

die man in der EU seit 2011 das Europäische Semester nennt, wäre meine Idee eine modifizierte Variante des geltenden Prozesses, in dem die Europäische Kommission ihren Haushaltsentwurf sowohl dem Europäischen Rat als auch dem Europäischen Parlament vorlegt. Dann könnte das Europaparlament nach dieser Vorstellung mit nationalen Vertretern, zum Beispiel aus jedem Land drei, diesen Plan zusammen begutachten und mit einer Stellungnahme versehen, und das muss dann an den Europäischen Rat. Bisher geht der Entwurf an das EU-Parlament, das aber nichts weiter unternimmt, und die nationalen Parlamente kommen praktisch gar nicht vor. Das Ergebnis dieser »verschränkten« Stellungnahme sollte in der europäischen und in den nationalen Öffentlichkeiten diskutiert werden. Das hat den Vorteil, dass die nationalen Parlamentarier ihre Kenntnisse in den Prozess einbringen und es besteht die Chance, dass das auch Debatten-Gegenstand der nationalen Öffentlichkeiten wird. Die Dinge, die nur im Europäischen Parlament debattiert werden, haben in der Regel kaum Chancen, in die nationalen Medien zu kommen und dadurch werden dann auch kaum Alternativen debattiert. Durch die Schleife der nationalen Parlamente schaffen wir eine inhaltliche Verschränkung und wir haben die Chance zur öffentlichen Debatte und dann stehen Alternativen zur Diskussion und wir können uns darüber auseinandersetzen, das ist mein Punkt.

*Das heißt, Vertreter aus allen nationalen Parlamenten kommen – nacheinander – ins Europaparlament und beraten dort die nationale Stellungnahme?*

Schwan: Die Vertreter werden zusammen eingeladen, das ist nach den jetzigen Verträge auch schon möglich. Ich würde daraus aber eine profilierte Strategie machen, denn gerade die Haushaltsaufstellung ist ja Kerngeschäft der Parlamente. Mein Vorschlag der verschränkten Souveränität ermöglicht, dass das, was von der Kommission kommt, auf der europäischen und auf den nationalen parlamentarischen Ebenen debattiert wird. Der Mehrjahresplan 2014–2020 zum Beispiel wurde von der Kommission ins EU-Parlament gegeben und das hat den Plan abgelehnt, aber es konnte keine Alternative vorschlagen. In den nationalen Medien kam nur die Ablehnung vor, und das ist frustrierend. Ich glaube, dass Teilhabe und konstruktive Alternativen zwei völlig unverzichtbare Elemente sind, um Demokratie allgemein und vor allem in Europa zu verankern. Die Menschen müssen an den bevorstehenden Entscheidungen teilhaben können, sie müssen diskutieren können bis in ihre Kommunen hinein, und sie müssen den Sinn auf konstruktive Alternativen gerichtet haben. In Anbetracht der bestehenden unterschiedlichen Interessen ist das schwierig genug.

*Wenn man eine intensivere Auseinandersetzung mit politischen Fragen erreicht, stärkt man dadurch auch die Akzeptanz für die europäischen Institutionen?*

Schwan: Für mich ist ganz zentral: Legitimation ist keine theoretisch-abstrakte Sache, sie ist die Basis von Vertrauen, von Handeln können usw. Und in einer modernen Welt kann diese Basis nur tragen, wenn die Menschen sich ihr eigenes Urteil bilden können, wenn sie also teilhaben können. Sie werden nie alle zufrieden sein, aber das heißt nicht, dass es über ihre Köpfe hinweg entschieden werden darf. Und selbst wenn eine Lösung »von oben« optimal wäre, sie wäre dann nicht legitimiert, dazu nämlich gehört die entsprechende Teilhabe. Deswegen schlage ich diese europäisch/nationale Verschränkung vor, die als Bild nicht so ohne Weiteres verständlich ist, weil es dafür keine Vorbilder gibt. Ich möchte sie gleichsam fast »predigen«, weil ich glaube, dass die Verzahnung von nationalen und damit auch von regionalen Interessen mit europäischen das europäische Projekt am ehesten voranbringen kann, da die Probleme der Menschen an der Basis angegangen werden.

*Wenn man der Kommission einräumen würde, ihren Haushalt durch die Erhebung von Steuern aufzustellen, könnte man dadurch nicht einen ähnlichen Effekt erzielen, da die Bürger dann unmittelbar an einer europäisch-politischen Entscheidung teilhaben? Die europäische Steuer könnte von den Politikern auch in Wahlkämpfen thematisiert werden, was die Auseinandersetzung fördern würde.*

Schwan: Das ist dann die nächste Frage. Bis jetzt sind ja in diesem europäischen Budget, wenn ich mich richtig erinnere, nur ein Prozent europäischer Haushalt, den Rest machen die nationalen Haushalte aus. Der Einfluss auf diese nationalen Haushalte durch die Kommission ist aber durchaus stark, weil die Kommission für die Länder bestimmte Wirtschaftspolitiken durchsetzen will und dadurch hat sie machtpolitisch einen Zugriff. Es könnte sich aber positiv auswirken, wenn die Kommission eigene Steuern erheben würde, wenn es nämlich zu einer besseren Balance zwischen nationalen und europäischen Interessen führen würde, statt dass die Kommission auf die Mitgliedstaaten Druck ausübt, um ihr Budget zu bestimmen. Das kann man aber nicht von heute auf morgen in großen Schritten umsetzen. Vermutlich würde es schon schwierig, den Anteil europäischer Steuern auch nur auf zehn Prozent zu bringen. Wichtig wäre aber auch hier, dass das Europaparlament entsprechend beteiligt würde, damit eine echte Auseinandersetzung über das Budget erfolgt. Für eine breite Verzahnung der Politiken halte ich die Verschränkung der parlamentarischen Vertretungen aber für wichtiger, da reicht eine einheitliche europäische Steuer nicht aus. Das Ziel muss sein, über nationale Grenzen hinweg, politische Alternativen zu präsentieren.

Ob eine einzige europäische Steuer aber die Politisierung und das Aufzeigen von Alternativen fördern kann, da bin ich skeptisch. Die jetzigen Fraktionen im Europaparlament haben eher die Absicht, den kommenden Europäischen Wahlkampf stärker zu personalisieren. Zum Beispiel ist für die Nachfolge des Kommissionspräsidenten ein Bündnis von Sozialdemokraten, Grünen und vielleicht Teilen der Liberalen denkbar, um den jetzigen Parlamentspräsidenten Martin Schulz als Kandidaten für die Kommissionspräsidentschaft zu nominieren. Wie die Konservativen das sehen, kann ich nicht beurteilen. Wie wichtig aber die parlamentarische Auseinandersetzung ist, zeigt, wie einseitig die Kommission die Freiheiten in Europa interpretiert. Sie sieht ganz vorrangig die Freiheit des Marktes. Die Ausgewogenheit zu sozialen Rechten, also zu Mitbestimmung etc., ist nicht gegeben und genau das liegt ja jetzt auch beim Europäischen Gerichtshof.

*Wie kann man Ihr Modell der verschränkten Souveränität umsetzen? Hat die EU dafür die richtigen Führungspersonen, die nach vorne schauen und die nötigen Schritte einleiten?*

Schwan: Dringend bräuchte man eine stärkere Führung, aber man kann sie sich nicht backen. Ich glaube, dass Martin Schulz schon sehr engagiert und auch recht visionär handelt. Früher waren es eher konservative Europapolitiker, bzw. Gruppierungen, die die großen Schritte eingeleitet haben. In den letzten Jahren hat die überparteiliche Spinelli-Group viel perspektivische Denkarbeit geleistet. Wichtig ist es, dass die Ideen auch aus der Gesellschaft heraus kommen. Wenn Vorschläge und Initiativen aus der Gesellschaft heraus gemacht werden, dann stehen diese auch nicht von vornherein unter dem Verdacht, dass sie nur darauf zielen, den Machterwerb der Exekutiven zu befördern. Aber natürlich ist gutes politisches Personal auch dann wichtig, wenn diese Initiativen tief in den politischen Prozess hineingebracht und dort durchgekämpft werden müssen. Es gibt bestimmte, wiederum systemische Gründe, warum nicht alle, die wir uns im politischen Leben wünschen, sich dem auch widmen. Der politische Wettbewerb zum Beispiel, der zwar unverzichtbar ist, der hat auch harte Folgen. Nicht zuletzt setzen sich Politiker jahrelang

*Wichtig ist es, dass die Ideen auch aus der Gesellschaft heraus kommen.*

einem enorm belastenden Medientest aus. Das verlangt ein hartes Nervenkostüm und kaum einer weiß im Voraus, was das eigentlich heißt. Einerseits will man etwas Authentisches sagen, auch mit Wagnis, andererseits will man vermeiden, dass das, was man sagt, sofort skandalisiert wird. Das ist ganz schwer zu balancieren.

*Kann die EU die von Ihnen geforderten Governance-Reformen mit Großbritannien gemeinsam erreichen?*

Schwan: Dazu wäre eine gemeinsam geteilte Vision der Europäischen Union wichtig, die in Ruhe erarbeitet werden müsste. Man müsste überlegen, was soll alles durch die Verträge eingeschlossen werden und was nicht und wie man das zusammen erreichen kann. Reformvorschläge zur Governance müssen zwangsläufig auch dazu zählen. Großbritannien ist aktuell in einer eigenen riesigen Wirtschaftskrise und es sieht im Moment nicht so aus, als würde das Land da schnell wieder herauskommen. Das politische »Geschäftsmodell«, sich nur auf die Banken zu konzentrieren, scheint auch nicht optimal zu sein. Ich glaube, es ist immer leichter, divergierende Partner für eine gemeinsame Politik zu gewinnen, wenn sie alle konstruktive Wege für sich in der gemeinsamen Sache sehen. Für Großbritannien würde das heißen, einen konstruktiven Weg für eine Wirtschaftspolitik zu finden, die nicht nur die City of London im Blick hat. Das ist gegenwärtig aber das Hauptaugenmerk der beiden großen Parteien im Unterhaus. Aber der Umbau wird schwierig werden. Vielleicht muss man seitens der EU auch mal das eine oder andere Faktum setzen, zum Beispiel bei der Finanzmarktkontrolle.

*Wäre Ihnen die Türkei, die den Willen hat, den europäischen Acquis umzusetzen, und die ein beeindruckendes Wirtschaftswachstum zeigt, lieber in der EU?*

Schwan: Ich pflege keine nationalen Präferenzen, was die Emotion angeht. Großbritannien und die Türkei sind aus meiner Sicht beide sehr wichtig für die Europäische Union und beide haben ganz unterschiedliche Eigenschaften, Geschichten und kulturelle Kontexte, die es jeweils nicht immer ganz leicht machen, im Rahmen Europas zu agieren. Es wäre gut, wenn es gelänge, das zusammenzubringen. Nehmen wir mal Großbritannien, dort existieren derart lange demokratische Traditionen, auch die Zeit der Splendid Isolation und natürlich die Nähe zu den USA, das alles ist sehr wichtig für Europa. Die Türkei kann eine gute Brücke zur islamischen Welt sein, das ist ebenfalls wichtig. Gute Beziehungen Europas zu anderen Ländern sind heute wichtiger denn je.

*Die Türkei kann eine gute Brücke zur islamischen Welt sein.*

*Angesichts des steigenden Durchschnittsalters in Europa und des sinkenden Anteils am Welthandel kommt der Erweiterungsfrage eine besondere Bedeutung zu, schließlich haben wir ein Gesellschaftsmodell, vor allem ein hart erkämpftes Sozialmodell, zu verlieren. Wie kann Europa mit diesen Herausforderungen umgehen?*

Schwan: Die Gefahr, dass wir unsere sozialen Errungenschaften einbüßen, besteht natürlich schon. Für mich stellt sich aber die Frage, wie weit das europäische Modell *das* soziale Modell ist und ob es nicht auch in der pluralistischen europäischen Kultur, in den Überzeugungen der Menschen und nicht zuletzt in ihren Lebensgewohnheiten verankert ist. Man kann gegenwärtig beobachten, dass die Sorge vor dem Verlust der sozialen Sicherheit extrem gewachsen ist und dass das die Sympathie für die Europäische Union durchaus beeinträchtigt. Letztlich geht das auch auf Kosten der Vielfalt, denn Vielfalt genießt man mehr, wenn man sich sozial sicher fühlt und es de facto auch ist. Ansonsten kann Vielfalt schnell beunruhigen. In der Offenheit gegenüber der Vielfalt liegt aber ein wichtiger Schlüssel für die Zukunft unseres Gesellschaftsmodells – Isolation führt in die Enge. Sicherheit im Umgang mit Vielfalt gelingt ganz praktisch darüber, dass man sich verständigen kann, dass man also möglichst andere Sprachen sprechen kann. Nur dann kann man sich auch über die Gemeinsamkeiten austauschen und an der Vielfalt freuen.

# Weil Europa sich ändern muss: Im Gespräch mit Robert Menasse

Robert Menasse ist ein österreichischer Schriftsteller, Essayist und Übersetzer. Zuletzt erschien von ihm das Büchlein »Der Europäische Landbote«, ein Portrait des aktuellen Brüssels, in dem er die Idee eines »nachnational verfassten Demokratie« verfolgt. Im März wurde er für sein Werk mit dem Heinrich-Mann-Preis ausgezeichnet. Robert Menasse ist derzeit Fellow für europapolitische Studien der Stiftung Mercator.

---

**TEIL 1**
**Unsere Vorstellung von Europa: Was kennzeichnet den Status quo und welchen Anspruch an das europäische Projekt haben wir heute noch?**

*Herr Menasse, Sie sind viel gereist, waren viel in Südamerika. Heute leben Sie im traditionsreichen Bezirk Leopoldstadt in Wien. Sie kennen dieses Viertel und seine Geschichte, vom jüdisch geprägten Viertel zum so genannten Bobo-Bezirk, sehr gut. Fühlen Sie sich als Wiener und damit als Österreicher?*

Menasse: Natürlich bin ich Österreicher, nach Staatsbürgerschaft und Sozialisation. Ich habe einen österreichischen Pass, bin in Österreich geboren und aufgewachsen und habe gelernt, wenn die österreichische Fußballnationalmannschaft spielt, zu hoffen und zu leiden. Und als Student habe ich sehr viel Zeit in der Österreichischen Nationalbibliothek verbracht. Der ehemalige österreichische Kanzler Bruno Kreisky hat einmal gesagt: »Ein Land, das eine Nationalmannschaft und eine Nationalbibliothek hat, ist wohl eine Nation!« Aber wenn man sich wirklich überprüft, dann stellt man fest, dass schon in diesem kleinen Land der Nations-Begriff viel zu groß ist, dass »Österreich« nicht wirklich das bezeichnet, woher ich komme und was ich als meine Herkunft und Heimat empfinde. In Wirklichkeit bin ich Wiener und Niederösterreicher. Wien ist die Stadt und Niederösterreich ist das Land, zusammen ist das die Region, in der ich aufgewachsen bin, in der mir alles vertraut ist, wo ich emotionale Wurzeln zu habe, Prägungen und Gefühle, die anders sind als in jedem anderen, noch so schönen Teil der Welt. Ich habe aber wenig Beziehung zu den klassischen Selbstbildern, die in Österreich existieren oder von Österreich produziert werden. Alpenrepublik zum Beispiel. Ich habe mit Bergen nichts zu tun, in Wien gibt es keine Berge, in Niederösterreich gibt es keine Berge, mich interessieren Berge nicht, ich finde, Berge sind ein Skandal der Schöpfung. Es ist mühsam hinaufzukommen, und oben ist es ist dann unwirtlich. Es ist nicht Bestandteil meiner Identität, dass ich Bewohner eines Berglands bin. Auch andere Bilder, die Österreich von sich produziert, unterfüttern meine Identität nicht. Ich bin weder Skifahrer noch Musiker, und ich trage auch keine Lederhosen. Und wenn man dann weiter darüber nachdenkt, kommt man drauf, dass der Begriff Österreich überhaupt etwas vollkommen Unklares ist im Hinblick auf die Gewordenheit und die Geschichte des Landes. Meine Eltern- und Großelterngeneration hat fünf verschiedene Österreichs in nur einer Lebenszeit erlebt. Meine Großeltern sind noch in der Habsburger-Monarchie geboren. Dann war die plötzlich weg und es gab die erste Republik. Die ist dann weggeputscht worden von den Klerikalfaschisten, die errichteten dann den Ständestaat. Der ist dann annektiert worden vom Dritten Reich und hieß plötzlich Ostmark. Das Dritte Reich ist zum Glück militärisch besiegt und befreit worden, daraufhin wurde die zweite Republik gegründet. Das sind fünf verschiedene politische Systeme mit fünf verschiedenen territorialen Grenzen. Und jetzt ist Österreich Mitglied von EU, Schengen und Euro, also ein Staat ohne Grenzen in einer Union und mit einer supranationalen Währung. Das heißt, im Grunde gibt es nicht Österreich, sondern nur verschiedene Gebilde mit ganz unterschiedlichen Identifikationsangeboten, die »Österreich« heißen oder hießen.

*Im Grunde gibt es nicht Österreich, sondern nur verschiedene Gebilde mit ganz unterschiedlichen Identifikationsangeboten, die »Österreich« heißen oder hießen.*

*Aber die lange Geschichte, die Sie darlegen, ist doch ein identitätsstiftendes Element für jeden Österreicher. Wie haben Sie sich während Ihres Aufenthalts in Brüssel im letzten Jahr definiert? Vermutlich als Österreicher?*

Menasse: Ich habe in Belgien als Österreicher eine ganz andere Erfahrung gemacht. Mir ist etwas aufgefallen, was einem Deutschen in Belgien wahrscheinlich nicht auffällt oder wozu er keinen Bezug herstellen kann: Belgien ist genauso wie Österreich eine Nation, die keine Nationsidee hat.

Ich habe mir das Land angeschaut, habe es bereist. Belgien ist ein ganz eigentümlicher Staat genauso wie Österreich: er hat keine Idee. Es gibt nichts, das als allgemein verbindliches, verbindendes Identifikationsangebot für die Menschen funktioniert, die auf belgischem Territorium leben. Belgien ist ein zufälliges Produkt einer zynischen Geschichte. Und es hat in besonderem Maße unter der Ideologie des Nationalismus gelitten. Und wenn man mal begriffen hat, dass es beim europäischen Projekt, bei der Entwicklung der EU im Wesentlichen um die Überwindung des Nationalismus geht, dass das die Grundidee des europäischen Projekts ist, dann tut man sich als Österreicher, wenn man einigermaßen bei Sinnen ist, leichter damit, und findet es auch sinnig, dass die europäischen Institutionen im Wesentlichen in Belgien angesiedelt sind.

Die Identitätsfrage stellt sich dann einfach ganz anders. Es fällt einem Deutschen wahnsinnig schwer sich vorzustellen, keine Nation mehr zu haben. Das ist für ihn unvorstellbar, sogar dann, wenn er nicht erklären kann, wozu er sie braucht oder worin sie besteht. Denn was ist diese nationale Identität? Es gibt Hessen, Bayern oder Thüringer, das kann ich noch verstehen. Aber was verbindet alle miteinander? Wenn es die Sprache ist, dann müsste man andere Grenzziehungen fordern, dann wäre ja auch Österreich Teil der deutschen Nation. Ist es die gemeinsame Geschichte, dann frage ich mich, welche Gemeinsamkeiten es sein sollen, die stärker sind als alle Trennungen und Differenzen, die auch Teil der Geschichte sind. Ist es die gemeinsame Kultur als Schnittmenge zwischen lokalen Traditionen? Dann müsste man erst recht erklären, weshalb es gleichzeitig eine eigene Nation Österreich gibt. Also können es Sprache und Kultur nicht sein. Was ist es dann? Und dann kommt der Deutsche in der Regel ins Stottern, er kann es nicht erklären. Dann kommt er mit der Verfassung, dem Verfassungspatriotismus. Aber warum soll eine aufgeklärte, vernünftige Verfassung nur für Deutschland gelten und nur in Deutschland identitätsstiftend sein, und nicht auch in den Nachbarstaaten, nicht in ganz Europa? Faktisch bestand der historische Sinn der deutschen Nationswerdung in nichts anderem, als aus vierzig Kleinstaaten und Fürstentümern einen größeren Binnenmarkt zu machen und feudale Willkürherrschaft abzuschütteln – gut, schön und damals ein Fortschritt, aber warum soll das der Endpunkt der historischen Entwicklung sein, zumal sich die ideologische Überhöhung der

*Die Nationsidee hat ihren Vernunftgrund verloren.*

Nationsidee in den Niederungen des Alltags nie erweist? Die
Nationsidee hat ihren Vernunftgrund verloren, auch wenn historisch erklärbar ist, dass sie den Deutschen so tief in der See-
le sitzt. In Frankreich kommt zuerst die Republik, dann erst
die Nation. In Italien ist die Nationswerdung am unüberbrück-
baren Widerspruch zwischen Nord und Süd chaotisch gescheitert, wobei dieser Widerspruch nur dann ein Problem ist,
wenn man darauf insistiert, diesen Widerspruch im Abstrak-
tum einer Nation zusammen zu zwingen. In Österreich, das
den längsten Teil seiner Geschichte ein supranationales, multi-
ethnisches Gebilde war, hat die Nationswerdung erst 1945 ein-
gesetzt – und zehn Jahre später hatte sich der einzige Grund
dafür schon wieder erledigt gehabt: Denn man kann die österreichische Nationsidee in bloß zwei Worten zusammenfas-
sen: Alliierte raus! Um die Alliierten zum Abzug zu bewegen,
musste man ihnen erklären, dass dieses Land etwas ganz anderes ist und anders behandelt werden muss, als Deutschland,
und daher ein eigener souveräner Staat werden muss. Wir haben mit den ganzen Nazi-Verbrechen nichts zu tun, das waren
die Deutschen, wir sind keine Deutschen, wir sind etwas ganz
Eigenes, eine eigene Nation. Dieses Konstrukt hat tatsächlich
dazu geführt, dass die alliierten Siegermächte dem Staatsvertrag zugestimmt haben und dann abgezo-
gen sind. Der Staatsvertrag gut und schön –      *Wo lebt diese Nation, wo ist*
aber rechtfertigt das heute, in einer ganz        *sie sichtbar, außer bei*
anderen historischen Situation, das fort-         *Schirennen und als Wetter-*
gesetzte Beschwören einer fiktionalen Ge-         *karte im Fernsehen?*
meinsamkeit sehr verschiedener Kulturen
und Mentalitäten innerhalb von willkürlichen Staatsgrenzen,
die es noch dazu im Schengen-Europa gar nicht mehr gibt? Wo
lebt diese Nation, wo ist sie sichtbar, außer bei Schirennen und
als Wetterkarte im Fernsehen? Mehr Nationsidee gab und gibt
es in Österreich nicht.

*Bei der Fußball-Weltmeisterschaft 2006 in Deutschland gab es plötzlich eine Dynamik, die viele überrascht hat. Manche Kommentatoren haben sie als »neuen fröhlichen Patriotismus« bezeichnet. Plötzlich schien demonstrativer deutscher Nationalstolz wieder ganz unschuldig möglich zu sein.*

Menasse: Ja, der neue, fröhliche Patriotismus der Deutschen. Sie hatten die Fußball-WM perfekt organisiert, hatten eine sympathische Mannschaft und einen sympathischen Trainer, und plötzlich kam diese Stimmung auf: ja, jetzt ist es wieder möglich, Nationalstolz zu zeigen, ab jetzt ist er wieder unschuldig und sympathisch, zeigt sich fröhlich in einem völkerverbindenen Sportereignis, ab jetzt gibt es keinen Grund mehr, immer noch ein schlechtes Gewissen zu haben wegen der Verbrechen, die der deutsche Nationalismus historisch begangen hat. Es wäre vielleicht auch nicht der Rede wert gewesen, dass Deutsche die deutsche Fahne schwingen, wenn die deutsche Nationalmannschaft spielt, aber die deutschen Medien haben eine große Geschichte daraus gemacht und sie immer mehr aufgeschaukelt, nach dem Motto: »Jetzt dürfen wir wieder, jetzt können wir wieder!« Ich fand das bedrohlich, und ich stand damals ziemlich alleine da, wenn ich das sagte: ich finde es besorgniserregend, wenn so hysterisch der Nationalismus als größtes kollektives Glück beschworen und beschrieben wird, das man nun endlich zurückerobert hat. Mir war klar, dass die Erleichterung, mit der sie jetzt wieder »Deutschland! Deutschland!« brüllen und fröhlich National-Fahnen schwingen, jederzeit, wenn es nicht mehr um Fußball geht, wieder in Ressentiment kippen kann – dafür braucht es nur irgendeinen kleinen Anlass. Und zwar aus einem ganz einfachen Grund: Es gibt kein emphatisches Nationalgefühl, das sich nicht über die Differenz zu anderen definiert. Das Wir im Nationalgefühl ist immer eine Abgrenzung von anderen, es setzt immer einen Gegensatz zu anderen voraus. Wenn Menschen ein Nationalgefühl brauchen, um sich groß und stark und besser zu fühlen, dann ist da die Verachtung und das Ressentiment bis hin zum Hass gegen andere schon angelegt. Diese kollektive Differenz zu anderen ist konstitutiv und wir haben das dann auch prompt erlebt: Bald darauf wurde diese Abgrenzung dann sehr heftig, das eben noch so fröhliche Wir hat sich aggressiv gegen eine andere Nation gewendet, gegen Griechenland. Den Nationalismus im Sinn des Begriffs kann man nicht auf Dauer zähmen, domestizieren und in Fröhlichkeit erlösen, denn er kann bei kleinstem Anlass extrem schnell bedrohlich werden. Wenn etwas in Zusammenhang mit Nationalismus als unschuldig erscheint, dann heißt das nur: noch nicht schuldig. Wissen Sie, was seltsam ist? Es fällt mir schwer zu sagen, ich bin Österreicher – weil ich wirklich nicht weiß, was das heute sein soll. Andererseits würde ich jederzeit sagen: ich bin ein deutscher Dichter. Weil meine geistige Sozialisation, meine intellektuelle Erziehung geprägt ist von der deutschen Literatur- und Philosophiegeschichte. Ich habe der Geschichte des deutschen philosophischen Idealismus, und der Literatur der deutschen Romantik und Klassik mehr zu verdanken, als ich hier in Kürze sagen kann. Aber rezeptionsgeschichtlich ist Deutschland wirklich ein Problem: immer machen sie aus einer Menschheitsleistung ein Nationalheiligtum, bei jeder Gelegenheit drehen sie objektiven Fortschritt in eine nationale reaktionäre Ideologie um. Denken Sie an den Zusammenbruch der DDR und die Wiedervereinigung: zuerst hieß es: »Wir sind das Volk!« – das war progressiv, ein Schrei nach Demokratie. Aber sehr schnell kippte das in den Slogan »Wir sind EIN Volk!« – und schon war mit dieser winzigen Wendung, wie sie nur Deutsche können, ein Menschheitsbedürfnis verballhornt zu der blöden Trostreligion des Nationalismus.

*Die Abgrenzung zu anderen ist nun einmal identitätsstiftend und wenn wir darüber reden, dass es schon in einem Land sehr gegensätzliche Regionen und Identitäten gibt, was verbindet dann einen*

*Fischer in Lissabon und eine Lehrerin in Helsinki im Sinne einer europäischen Identität?*

**Menasse:** Was verbindet eine Fabrikarbeiterin mit der Gattin eines Konzernmanagers gleicher Nation? Es ist doch grotesk, allen Ernstes zu behaupten, dass die nationale Identität eine größere Gemeinsamkeit zwischen Arbeiterin und Konzernchefgattin herstellt, als zwischen Arbeiterinnen verschiedener Nationen. Aus der Geschichte des Nationalismus wissen wir, dass am Ende die Arbeiter verschiedener Nationen aufeinander geschossen haben und gemeinsam verreckt sind. Das ist eine historische Erfahrungstatsache, und ich kann nicht verstehen, dass man das heute plötzlich wieder erklären, wieder daran erinnern muss, und noch weniger kann ich verstehen, dass die Reaktion darauf heute wieder nur Achselzucken ist. Aber im Grunde geht es doch für jeden Menschen um den Anspruch auf ein Leben in Würde in einem vernünftigen Rechtszustand, um Lebenschancen, politische Partizipationsmöglichkeiten zur Formulierung und Durchsetzung eigener und verallgemeinerbarer Interessen, und all das haben eben Ihr Fischer in Lissabon und Ihre Lehrerin in Helsinki objektiv gemeinsam. Der Begriff »Nationale Interessen« hingegen hat mit den objektiven Interessen der Menschen wenig bis nichts zu tun, er ist eine Fiktion und als solche verschleiert er sozialen Betrug: die »nationalen Interessen« sind in der Regel nichts anderes als die Interessen nationaler Eliten. Wenn beispielsweise die deutsche Kanzlerin im Europäischen Rat gegen eine gemeinsame europäische Finanz- und Fiskalpolitik kämpft, dann begründet sie das mit »nationalem Interesse«: um den für Deutschland eminent wichtigen Finanzplatz Frankfurt zu schützen. Aber in wessen Interesse ist das wirklich? Die Mehrheit auch der deutschen Population hätte mehr Vorteile davon, wenn es eine gemeinsame europäische Finanz- und Fiskalpolitik gäbe, es wäre

*Die »nationalen Interessen« sind in der Regel nichts anderes als die Interessen nationaler Eliten.*

nie zur Eurokrise in diesem Ausmaß gekommen und der deutsche Steuerzahler hätte sich viel Geld erspart. Das ja wäre in seinem Interesse gewesen. Aber das Interessante ist, dass die Bevölkerung, obwohl sie diese so genannte nationale Interessenspolitik sehr teuer zu stehen kommt, tatsächlich glaubt, Frau Merkel verteidige mit den »nationalen« ihre Interessen. Das ist mir unbegreiflich.

*Hilft hier das Prinzip der Subsidiarität weiter oder müssen wir gleich die nationale Souveränität über Bord werfen? Rechtsstaatlichkeit und Finanzpolitik sind komplexe Themen. Wie kann Europa da eine gemeinsame Klammer herstellen?*

Menasse: Die Idee der Subsidiarität bedeutet, dass sich innerhalb von allgemein verbindlichen Rahmenbedingungen, die für den ganzen Kontinent gelten, und die von einem europäischen Parlament definiert werden, in kleineren Einheiten demokratisches Leben entfaltet – diese Einheiten nennen wir vorläufig Regionen. Regionen stiften zumindest kulturelle Identität, Nationen nur die Fiktion von Identität. In den Regionen gibt es ja tatsächlich historisch gewachsene gemeinsame Kulturen, Traditionen, Mentalitäten und je sehr spezifische lokale Anforderungen und Bedürfnisse. Wenn es gemeinsame Rahmenbedingungen für den ganzen Kontinent gibt, und eine subsidiäre Demokratie in kleinen Verwaltungseinheiten, dann braucht man dazwischen keine weitere Ebene, das heißt, man kann die nationale Ebene schlichtweg abschaffen.

*Viele Bürger wenden sich derzeit aber gerade national orientierten Parteien zu. Rechtspopulisten finden quer durch die europäischen Mitgliedstaaten Anhänger. Wie erklären Sie sich das? Wo bleibt die gemeinsame Idee, die alle Bürger in Europa verbindet?*

Menasse: Die neuen nationalistischen Bewegungen beweisen nichts anderes als die alten nationalistischen Bewegungen. Das

Problem ist nicht, was sie beweisen oder zu beweisen scheinen, sondern das Problem ist, dass vergessen wurde, was sie schon bewiesen haben. Sie sind heute wie auch seinerzeit das Symptom für ein gesellschaftspolitisches Problem: Sie sind eine Reaktion auf eine ungerechte Verteilungspolitik. Politik ist auch immer Interessenspolitik und damit Verteilungspolitik. Und je mehr Menschen es gibt, die in relativer Misere leben und das Gefühl haben, um ihr Glück betrogen worden zu sein und die sich gleichzeitig politisch im Stich gelassen fühlen, desto größer

*Die neuen nationalistischen Bewegungen sind eine Reaktion auf eine ungerechte Verteilungspolitik.*

ist die Gefahr, dass sie rechtspopulistisch wählen. Wenn ihnen auch ein Mindestmaß an Bildung fehlt, weil ihnen auch Bildungschancen nicht angeboten wurden, dann stellt sich leicht das Gefühl ein, andere hätten ihnen die Chancen des Aufstiegs weggenommen. Und die Kunst des Rechtspopulismus und die Kunst der Nationalisten besteht darin, die Verteilungsfrage zu einer ethnischen Frage zu machen. »Ihr habt nichts, weil so viele Ausländer hier sind! Wir, die wir bekanntlich so fröhlich und friedlich Fahnen schwingen, wir sind gut und anständig und fleißig, aber die mit den anderen Fahnen sind böse, kriminell, sie sind Betrüger und Schmarotzer, liegen in der sozialen Hängematte, die Ihr bezahlen müsst, darum ist für Euch nichts mehr da. Wenn wir wieder Herr im eigenen Haus wären, dann ginge es uns allen besser!« Das ist der Hintergrund für den Zulauf, den der Rechtspopulismus in der Krise erfährt: die Karikatur des Anspruchs auf Verteilungsgerechtigkeit. Es ist ein Konzept von Sozialpolitik unter Anführungszeichen, wie sie in radikalerer Form die Nazis durch die Arisierungen gemacht haben, durch die Verteilung von geraubtem Vermögen an die »Volksgenossen«. Auch dagegen, dass sich so etwas wiederholt, wurde das Europäische Projekt gegründet.

*Wie kann Europa Verteilungsgerechtigkeit bei den Bürgern herstellen und ist das überhaupt der Anspruch, den wir in Europa verfolgen?*

Menasse: Die Wertschöpfung funktioniert heute trans- und supranational, Verteilungsgerechtigkeit kann keine Nation mehr alleine herstellen. Allerdings ist auch klar, dass das Friedensprojekt Europa mittel- und langfristig nur funktionieren kann, wenn nicht nur die Aggressionen zwischen ehemals verfeindeten Nationen ausgeschaltet werden, das Friedensprojekt kann langfristig nur funktionieren, wenn auch der soziale Friede gesamteuropäisch gewahrt bleibt.

*Verteilungsgerechtigkeit kann keine Nation mehr alleine herstellen.*

Die größten Kritiker der Europäischen Union sehen nicht, was hier auf dem Spiel steht. Sie können sich nicht vorstellen, dass es die EU ist, die die Lebenschancen gerade der heute am meisten Betrogenen verbessern kann und muss. Wenn sie dies nicht tut, dann wäre dies das Ende des Friedensprojekts. Die brennenden Autos in den französischen Banlieues und in Athen waren ein Warnzeichen. Der Nationalismus wird die sozialen Spannungen nicht lösen können. Bei der heutigen internationalen Vernetzung kann man kein Problem souverän national lösen, und schon gar nicht ein soziales Problem. Man kann nicht *nur* in Ungarn Verteilungsgerechtigkeit herstellen. Deshalb fürchte ich mich weniger vor den Nationalisten oder den Renationalisten; vielmehr fürchte ich mich vor der Wut und der Enttäuschung der Menschen, wenn sie bemerken – und das ist unausweichlich –, dass ihnen der Nationalstaat nicht wird helfen können, auf den sie jetzt EU-kritisch vermehrt wieder ihre Hoffnungen setzen. Wenn man sich anschaut, welche Erwartungen und welche Hoffnungen sich die Wähler rechtspopulistischer Politiker machen, dann muss die Wut enorm sein, wenn sie merken, dass deren Konzepte nichts taugen. Ökonomie, Finanzen, Kommunikation, alles funktioniert heute ungebremst transnational, dem kann nationale Politik nichts entgegen setzen, das kann keine nationale Politik regulieren und gerecht gestalten.

## TEIL 2
### Bedrohungen und Herausforderungen für Politik, Wirtschaft und das soziale Miteinander: Hat die Krise die Balance dieser Subsysteme zerstört und wie groß ist unser Einfluss auf die Subsysteme überhaupt noch?

*In der aktuellen Krise wird weniger über die große Vision Europas gesprochen, sondern vielmehr über akute wirtschafts- und finanzpolitische Fragen. Liegt darin nicht die Gefahr, dass die Gemeinsamkeiten in Europa immer weniger gesehen werden und der Zusammenhalt schwindet?*

Menasse: Die Krise ist ein Symptom für den gegenwärtigen inneren Widerspruch der Europäischen Union. Genauer: dem politischen und institutionellen inneren Widerspruch der Europäischen Union. Die Krise wird so lange nicht gelöst werden können, solange sie nur als Finanzkrise behandelt wird, solange man sich nur um immer neue Refinanzierungen kümmert, statt sie politisch und institutionell zu lösen. Worin besteht der Widerspruch? Ich hatte schon erläutert, dass Nationen ihre gravierenden gesellschaftlichen, politischen und wirtschaftlichen Probleme nicht mehr allein lösen können. Gleichzeitig ist die europäische Entwicklung noch nicht so weit fortgeschritten, dass eine wirklich gemeinsame, eine konsequent gemeinschaftliche Politik gemacht werden kann, weil immer wieder nationale Sonderinteressen, nationaler Eigensinn und nationale Vorbehalte dem entgegenstehen. Die nachnationale Entwicklung in Europa, die schon relativ weit gegangen ist, stößt immer wieder und immer schärfer auf nationalen Widerstand. Wir haben ein Zwischenstadium zwischen einem Nicht-mehr und einem Noch-nicht. Einerseits haben die Mitgliedstaaten der EU schon sehr viele nationale Souveränitätsrechte an die supranationalen Institutionen der EU abgegeben, andererseits wird nationale Souveränität immer verbissener verteidigt. Das ist der Grundwiderspruch. Alles, was wir heute Krise nennen, ist nur ein Reigen von Symptomen dieses Widerspruchs. Die Einführung des Euro ist auch nur ein Beispiel, ein besonders deutliches – der Euro war ein großer Schritt in der nachnationalen Entwicklung: der Verzicht von Nationalstaaten auf eine je nationale Währung. Dieser Schritt war richtig, wichtig und vernünftig: Nationalökonomie gibt es nicht mehr, nationale Finanzpolitik macht keinen Sinn mehr, wenn die Ökonomie nicht mehr national funktioniert. Aber, und da kam der nationale Widerstand ins Spiel: eine gemeinsame Währung braucht gemeinsame politische Instrumentarien, um sie zu managen, zu sichern, das Vertrauen in sie zu gewährleisten, sie braucht also Instrumente einer gemeinsamen Finanzpolitik, gemeinsame Fiskal- und Wirtschaftspolitik, sie braucht eine Zentralbank mit allen Rechten und Möglichkeiten einer Zentralbank. Aber all das wurde von einigen Nationen aus kurzsichtigem nationalen Eigensinn verhindert. Auf diese Weise wurde der Euro schließlich zum Hasard. Die erste transnationale Währung in der Geschichte – Fortschritt! – zugleich die erste Währung seit der Kauri-Muschel, ohne alle finanzpolitischen Instrumente, die eine Währung braucht – das ist Wahnsinn!

*Einerseits haben die Mitgliedstaaten schon sehr viele nationale Souveränitätsrechte abgegeben, andererseits wird nationale Souveränität immer verbissener verteidigt. Das ist der Grundwiderspruch.*

*Schritte hin zu einer gemeinsamen Währungs- und Finanzpolitik werden von den Mitgliedstaaten gerade in Brüssel verhandelt. Sehen Sie in den angekündigten Reformen eine Chance für eine wirkungsvolle Zusammenarbeit zwischen den Mitgliedstaaten?*

Menasse: Für eine gemeinsame Währung braucht man eine ge-

meinsame Finanzpolitik. Man braucht eine gemeinsame Wirtschaftspolitik, man braucht eine gemeinsame Fiskalpolitik.
Man braucht eine Zentralbank mit bestimmten Rechten. Das
alles hat man nicht zugelassen, weil immer die eine oder andere Nation irgendein Problem damit gehabt
hat und dagegen war. Die Engländer wollten
keine gemeinsame Finanzpolitik, schon gar
keine Bankenaufsicht, sie wollten nur die
Souveränität über ihren Finanzmarkt London City verteidigen,
der für die nationale Wertschöpfung von großer Bedeutung
ist, und haben deswegen auch gar nicht erst beim Euro mit-
gemacht. Dass Brüssel nicht regulierend in den Londoner Finanzmarkt eingreifen kann, war von nationalem Interesse der
Engländer, hat aber der Gemeinschaft, bei der England doch
auch Mitglied ist, schweren Schaden zugefügt. Die deutsche
Regierung hatte allerdings Verständnis dafür. Das ist verständlich, denn der größte Player in London City ist die Deutsche
Bank und zudem kam es für Deutschland auch nicht infrage,
durch eine gemeinsame Finanzpolitik die Souveränität über
ihren wichtigen Finanzplatz Frankfurt zu verlieren. Außerdem
war Deutschland gegen eine mit allen entsprechenden Rechten
ausgestattete europäische Zentralbank, denn wenn ein Nicht-
Deutscher an die Spitze der EZB käme, könnte er womöglich
anfangen Geld zu drucken, das führt zu Inflation, Inflation
führt zu Hitler, wollen wir nicht, nein danke. Und so hat jede
Nation immer irgendwo ein Veto eingelegt mit dem Ergebnis,
dass es zwar bei der Einführung der gemeinsamen Währung
geblieben ist, aber ohne jede Möglichkeit, sie zu managen. Man
hat sich mit einem windigen Kompromiss begnügt, dem Stabilitätspakt. Dieser Pakt war von Anfang an Augenauswische-
rei, ein bloßes Good-Will-Papier, eine zahnlose Absichtserklä-
rung, mehr nicht, und das ist für eine gemeinsame Währung
völlig unzureichend: Wir versprechen, dass wir alle brav sind,
und wenn einer nicht brav ist, dann bekommt er eine Mahnung
von der Europäischen Kommission. Irgendwann einmal wer-

*Man braucht eine ge-
meinsame Finanzpolitik.*

den Historiker fassungslos sein, wenn sie diese Geschichte auf-
arbeiten. Und wer hat dann den Stabilitätspakt schließlich zuerst gebrochen? Das war Deutschland, und kurz darauf hat ihn
dann auch Frankreich gebrochen. Und die Schleusen waren ge-
öffnet. Und dann ist das passiert, was jeder von Politikwissen-
schaften Erstes Semester weiß: Die Kette bricht am schwächs-
ten Glied. Das schwächste Glied war Griechenland – ein Land,
das überhaupt kein Fiskalsystem hatte, Griechenland hatte
nicht einmal ein Grundbuch, das muss man sich vorstellen!

*Würden Sie Griechenland deshalb jetzt vor die Türe setzen?*

Menasse: Nein, warum soll man ein Mitglied ausschließen,
weil die Gemeinschaft einen Fehler gemacht hat? Jetzt muss
eben die Gemeinschaft zahlen und, wenn sie nicht ewig wei-
terzahlen will bis zum Bankrott von allen, dringend das System
reformieren. Hätte der Europäische Rat auf Grund des nationalen Eigensinns mancher Mitglieder nicht verhindert, dass die
Einführung der Gemeinschaftswährung durch ein gemeinsa-
mes Fiskalsystem vorbereitet und begleitet wird, dann hätte es
in Griechenland von Anfang an das Problem so nicht gegeben.
Es ist skandalös, dass nach einer Fehlentscheidung der nachnationalen Gemeinschaft, entstanden aus nationalem Eigensinn
mächtiger Staaten, die daraus entstandenen Probleme renatio-
nalisiert und den schwachen Nationen aufgebürdet wurden:
durch Zwang zu nationaler Austerity-Politik – gegen die die
Menschen zu Recht auf die Straßen gehen. Diese europäische
Politik ist ein Verrat an der europäischen Idee!

*Damit plädieren Sie dafür, das Schuldendilemma in Griechenland
gemeinsam zu lösen. Ist das nicht eine solidarische Pflichtübung, da
man die Griechen damals in den Euro aufgenommen hat? Dafür
kann man sie jetzt doch nicht bestrafen?*

Menasse: Ich kann nicht nachvollziehen, weshalb manche fordern, dass die Menschen in Griechenland bei gleich hohen Lebenskosten wie beispielsweise in Deutschland nur ein Drittel des Lohniveaus der Deutschen haben, bei gleichzeitig längerer Arbeitszeit. Damit Schulden bezahlt werden können, die entstanden sind, weil Deutschland sich geweigert hat, einer gemeinsamen Finanz- und Währungspolitik zuzustimmen, Das kann man übrigens ganz ohne Ressentiments betrachten. Ich analysiere das lediglich aus einer politischen Perspektive und denke mir, man sollte daraus vernünftige politische Konsequenzen ableiten. Man sieht zum Beispiel, dass die immer größeren Refinanzierungen von Schulden für Kreditzinsen in Griechenland nie das Problem werden lösen können. Das bedeutet aber nicht, dass das Problem deswegen unlösbar ist, es ist nur auf diese Weise nicht lösbar.

Ich komme noch einmal auf den Grundwiderspruch zurück, dass das nachnationale Projekt Europa noch nicht weit genug ist, hinreichende Antworten auf unsere Herausforderungen zu geben und gleichzeitig die Nationalstaaten nicht mehr in der Lage sind, dies zu tun. Griechenland kann das Problem nicht national lösen, das ist unmöglich. Gleichzeitig ist die Gemeinschaft noch nicht so weit, es gemeinschaftlich zu lösen. In diesem Dilemma muss man nach vorne schauen und man sollte erkennen können, dass man an einem »nicht mehr« wenig ändern kann. Wir sollten daher an dem »noch nicht« ansetzen und die Vergemeinschaftung voranbringen, damit wir Krisen wie diese schnell in den Griff bekommen bzw. dass sie künftig erst gar nicht auftreten.

*Eine echte politische Union könnte ein Schritt in diese von Ihnen geforderte Richtung sein. Wie sähe diese politische Union konkret aus? Welche Rolle spielen darin Themen wie Bildung und Kultur? Welche Reformen könnten eine politische Union zur Erfolgsgeschichte machen?*

**Menasse:** Erasmus-Studenten ziehen einen enormen Gewinn aus dem Programm. Das Programm ist für diejenigen, die es nutzen, eine Riesenerfolgsgeschichte. Der Bologna-Prozess ist ein eigenes Problem, das muss man sich genauer anschauen. Ich erkenne auch darin den leidigen Grundwiderspruch der gegenwärtigen Verfasstheit der Europäischen Union. Der Bologna-Prozess basiert auf einer sehr vernünftigen Idee: Wenn wir den Kontinent vergemeinschaften, dann müssen auch die Bildungsinstitutionen und Bildungsabschlüsse miteinander kompatibel sein. Das ist ein wichtiger Schritt zur Realisierung der Grundfreiheit der EU-Bürger. Was nützt es mir, wenn ich die Freiheit habe, in einem anderen EU-Land eine Qualifikation zu erwerben, wenn sie mir zu Hause nachher nicht anerkannt wird, was ja auch schon deshalb absurd ist, weil man innerhalb der EU auf der Basis der Niederlassungs- und Arbeitsfreiheit ohnehin nicht mehr von »Ausland« sprechen kann? Die Bologna-Reform war aber im Grunde nichts anderes als ein Gefäß, welches nur den Rahmen setzte, die Außenwände vorgab. Das Gefäß selbst mussten die Mitgliedstaaten füllen, gemäß ihres Bildungssystems, ihrer Traditionen der Universitäten usw. Kompatibel sollen nur gewisse Standards sein. So weit die Idee. Passiert ist etwas anderes. Der Bologna-Vertrag wurde beschlossen und dann haben die einzelnen Universitäten und die einzelnen Mitgliedstaaten begonnen, das Gefäß zu füllen, und haben das auf so unterschiedliche Weise gemacht, dass es vorher kompatibler war als es jetzt ist.

Es kommt erschwerend hinzu, dass manche Universitäten oder manche Länder Dinge hineingetan haben, die gar nicht hineinpassen. Das ist ungefähr so, wie wenn man einen viereckigen Klotz in ein rundes Loch stecken möchte. Das geht nur, wenn man die Ecken abbricht, und zusätzlich ist es eine so enorme wie sinnlose Kraftanstrengung. Manche haben das ernster genommen, und manche haben das weniger ernst genommen. In manchen Universitäten waren Professoren am Werk, die haben die Vorzüge gesehen, waren fleißig und haben sich engagiert. In anderen Universitäten gab es starke Widerstände bis hin zur gezielten Sabotage. Manche haben bloß geschaut, dass ihre Privilegien in dem ganzen System erhalten bleiben. Zum Beispiel: wenn sie abhängig waren vom Prüfungsgeld, dann haben sie möglichst viele Pflichtprüfungen hinein geschrieben. Andere Universitäten, die vorwiegend Professoren haben, die nicht auf die zusätzlichen Einnahmen durch Prüfungsgelder angewiesen sind, die haben versucht, eine schlanke Struktur zu finden. Diese unterschiedliche Handhabung ist auch der Grund dafür, weshalb ein Masterstudium in Wien drei Jahre und in England ein Jahr dauert. Das zeigt, wie grotesk die Bologna-Reform geworden ist. Ich sehe auch hier den nachnationalen, transnationalen Anspruch, der an dem Widerstand der nationalen Traditionen und den entsprechenden Grabenkämpfen scheitert. Man kann den Bologna-Prozess im Grunde als gescheitert bezeichnen, und man müsste ihn vollkommen neu beginnen. Aber das wird vorläufig nicht gehen, also müssen wir mit dem Widerspruch leben. Es wird weiter so knirschen und krachen, bis irgendwann der Reformbedarf so groß geworden ist, dass man eine Lösung wird finden müssen.

*Man kann den Bologna-Prozess im Grunde als gescheitert bezeichnen.*

*Die Einführung der Bachelor- und Masterstruktur hat zu einer Komprimierung der Studieninhalte und -zeit geführt. Nur wenige Studierende wagen einen Blick abseits der vorgeschriebenen Lehrplaninhalte oder gehen ins Ausland, um neue Erfahrungen zu machen. Dabei braucht Europa kreativ und global denkende Köpfe mehr als zuvor. Wie kann Politik darauf reagieren?*

Menasse: Zunächst muss man das Bewusstsein dafür schaffen, dass Bildung und Ausbildung zwei verschiedene Dinge sind. Hinzu kommt, in Bildungsfragen darf es kein Tempo geben. Denn wenn man einen zu hohen Druck erzeugt, indem man das Tempo beim Studium anzieht, dann erzeugt man Pfusch.

Je schneller und formalisierter gelernt wird, desto weniger beherrscht der Student flexibles Denken und flexibles Arbeiten. Das funktioniert schon in der Ausbildung nicht. Man kann einen Arzt nicht in einem *In Bildungsfragen darf es* Jahr produzieren. Das heißt, die Ausbildung *kein Tempo geben.* gehört entschleunigt und dazu auf ein möglichst breites Fundament von Bildung gesetzt. Hochqualifiziert, aber einseitig gebildet ist letztlich auch politisch enorm gefährlich.

Hochqualifizierte Fachidioten sind Speerspitzen von antidemokratischen Bewegungen. Sie kämpfen dann für Standesrechte und tendieren zu einer unproduktiven Elitenbildung. Das heißt, es kann keine demokratische Gesellschaft ein Interesse an hochqualifizierten Fachidioten haben. Also muss die Ausbildung auf ein Fundament von Bildung gestellt werden. Ich halte es auch für selbstverständlich, dass die Ausbildung entschleunigt werden muss, damit die Menschen die Möglichkeit haben, Qualifikationen zu erwerben, mit denen sie wirklich die Aufgaben erfüllen können, die sich ihnen im Leben stellen. Die Aufgaben, die im Alltag warten, sind nie standardisiert wie ein Multiple-Choice-Test an der Uni. Sie erfordern flexibles Denken und Handeln. Bildungspolitik ist deshalb so wichtig, weil sie von größter Bedeutung für Individuum und Gesellschaft gleichzeitig ist: der gebildete Mensch sieht und erkennt mehr in der Welt, er hat mehr Chancen, daher eine größere Chance auf Selbstbestimmung und Glück. Zugleich setzt Demokratie den gebildeten Citoyen voraus. Bildung ist also auch demokratie- und gesellschaftspolitisch von allergrößter Bedeutung. Eine plebiszitäre oder gar plebejische Demokratie ungebildeter Massen und obenauf einer fachausgebildeten Ölschicht kann nicht das Ziel eines demokratischen Europa von morgen sein. Dem Friedensprojekt EU stünde es gut an, alle nationalen Heere aufzulösen und das dadurch frei werdende Budget in Bildungsinstitutionen zu investieren, von der Vorschule bis zur Erwachsenenbildung. Das Friedensprojekt Europa braucht keine nationalen Heere mehr, aber wir brauchen eine europäische Bildungsoffensive.

**TEIL 3**
**Finalité Européenne: Welche Chancen liegen im europäischen Projekt?**

*In Ihrem zuletzt erschienenen Buch plädieren Sie für ein Europa der Regionen, losgelöst vom Nationalstaat. Gleichzeitig sollen die europäischen Institutionen gestärkt werden, mit Ausnahme des Europäischen Rates. Was kennzeichnet dieses Modell der Regionen?*

Menasse: Ich bin kein Verfassungsrechtler und kann daher nicht im Detail abwägen, welche Größe für eine politische Verwaltungseinheit vernünftig ist, und wie man eine »Europäische Republik der vernetzten Regionen« verfassungsrechtlich am besten definiert und demokratisch institutionell organisiert. Aber ich sehe schon, dass Regionen vernünftige politische Verwaltungseinheiten im Sinne subsidiärer Demokratie wären, es sind die Regionen in Europa, die Kulturräume sind, die eine gemeinsame Geschichte haben, eine gemeinsame Mentalität und eine gemeinsame Sprache, in besonderer Färbung oder im Vokabular. Wichtig ist auch der Unterschied, dass Regionen im Gegensatz zu Nationen in der Regel nicht oder kaum aggressiv werden. Die spanische Nation zum Beispiel hat sich das Baskenland unterworfen und einverleibt, und dann irgendwelche blöden Legenden erfinden müssen, warum auch Basken zur spanischen Nation gehören. Umgekehrt hat kein Baske Interesse an einer baskischen Region, zu der Territorien gehören, wo keine Basken leben.

Was wir heute mit den Autonomiebestrebungen der Basken und Katalanen oder der Schotten, der Friauler und anderen erleben, ist nicht, dass die Nationsidee so zwingend ist, und daher jeder seine eigene Nation haben will, sondern dass die

Nationen zerbrechen, dass die Nationsidee und nationale Fiktionen eben nicht funktionieren. Wenn manche Basken heute sagen, sie wollen einen eigenen Staat, eine eigene Nation, dann deshalb, weil sie keine anderen Begriffe haben, historisch ist das so besetzt: Souveränität heißt Nation – aber objektiv wollen sie regionale Subsidiarität, und dieser Begriff ist neu, er ist noch nicht in den Köpfen, aber er ist die Zukunft Europas, und die Abspaltungsbewegungen innerhalb mancher europäischer Nationen sind der Beweis dafür.

*Welche Regelungen werden in einem Europa der Regionen auf europäischer Ebene getroffen und kann die EU die großen regionalen Unterschiede dann überhaupt noch abbilden?*

Menasse: Den Anspruch, die Vereinheitlichung der Rahmenbedingungen voranzubringen, halte ich nach wie vor für sinnvoll. Ich möchte daran erinnern, dass erst 1914 die Visumspflicht eingeführt wurde. Im Jahr 1913 konnten Sie ohne Visum von Galizien bis an die Atlantikküste, von der Nordsee bis Sizilien reisen und sich niederlassen. Erst der radikale Nationalismus, der dann auch den Ersten Weltkrieg ausgelöst hat, hat die Beschränkung der Mobilität und Reisefreiheit in Europa, die Zersplitterung Europas zur Folge gehabt. Im Grunde war die Habsburger-Monarchie ein Vorläufermodell der EU. Die Habsburger hatten nie den Anspruch, eine Nation zu bilden. Aber sie haben Bemerkenswertes auf der Ebene der Verwaltung, der Herstellung gemeinsamer Rahmenbedingungen geleistet. Versagt haben sie auf der Ebene der Subsidiarität, ja, das ist die historische Erfahrung. Bemerkenswert war und blieb, dass es in all den ehemaligen Kronländern des Habsburger-Reichs trotz Ersten und Zweiten Weltkriegs, stalinistischen Terrors, Renationalisierung und Neugründung der Nationalstaaten, trotz aller Systembrüche bis heute eine funktionierende Bürokratie, ein Grundbuch und ein einigermaßen funktionierendes Steuersystem gibt. Das ist mithin alles, was eine institutionalisierte Verwaltung braucht. Daran erkennt man auch, dass Bürokratie eine Zivilisationsleistung ist, ein notwendiges Fundament des Rechtszustands – so viel auch gleich zur viel gescholtenen Brüsseler Bürokratie!

Griechenland, das nie ein Habsburger Kronland war, hat bis heute kein Grundbuch. Aber Griechenland ist eine Nation. Wenn man sich einmal von den ideologischen Phrasen befreit, was Nationen sind, warum sie – angeblich – ein menschliches Bedürfnis sein sollen, dass sie Identität stiften und dass sie einer Ethnie Souveränität gewähren, dann erkennt man, dass es die supranationalen oder transnationalen politischen Gebilde waren, die Fortschritte produziert haben. Im Gegensatz dazu haben die Phasen der Nationsbildungen, der Nationswerdungen und der Renationalisierung immer Kriege, Zerstörung oder Verwüstung produziert. Jugoslawien war ein friedlicher, für damalige Verhältnisse relativ freier Staat. Durch den Bürgerkrieg und durch die Renationalisierung wurde es ein Schlachtfeld. Es wurde zum Besitz einer Bande von Kriminellen. Wie ist es gelungen, die kriminelle Bande wieder zurückzudrängen, sie zur Rechenschaft zu ziehen und wieder einen vernünftigen Rechtsstaat aufzubauen? Das gelang durch die Beitrittsoption zur EU und damit die Einleitung einer transnationalen, nach-nationalen Entwicklung.

Schauen Sie sich die Schweiz an, sie ist eigentlich ein supranationales Gebilde: vielsprachig, multiethnisch, geografisch gespalten, der Kanton ist wichtiger als die Nation. Die Schweiz hat nie ein anderes Land überfallen, ist nie woanders einmarschiert, hat nicht einmal einen Bürgerkrieg erlebt, obwohl die Ethnien, die dort zusammenleben, sehr verschieden sind und verschiedene Sprachen sprechen. Das ist eine schlichte Beobachtung der Fakten.

*Lassen Sie uns noch einmal auf die Steuerung und das Machtgefüge in der EU blicken. Beim Thema Bildung fordern Sie eine starke Führung von oben. Wenn die EU insgesamt weiter zusammenwach-*

*sen soll, wie wichtig ist dafür eine starke Führung im Allgemeinen?*
*Braucht es einen neuen Jean Monnet oder einen Jacques Delors?*

Menasse: Politik ist immer das Produkt der Dialektik aus objektiv zwingenden Tendenzen und dem subjektiven Faktor.
Napoleon hatte den Rückenwind des Welt- und Zeitgeists. Da
kam das zusammen. Wäre Napoleon als Kind gestorben – hätte
es einen anderen Napoleon gegeben, einen anderen »Weltgeist
zu Pferde«, um es mit Hegel zu formulieren? Ich weiß es nicht.
Ich weiß nur eines: wir können und dürfen heute nicht mehr
von einem Menschen alleine erwarten, dass er das historisch
Vernünftige durchsetzt. Nach einem »neuen Jean Monnet« zu
suchen, würde bedeuten, aus der Europapolitik eine Karikatur des tibetischen Buddhismus zu machen: wer ist, sozusagen
wie der Dalai Lama, die Wiedergeburt des spirituellen Führers?
Herr Draghi zum Beispiel ist zweifellos heute eine starke und
wichtige Figur, im Sinne des subjektiven Faktors in der Politik
ein Glücksfall – er hat es geschafft, dass die EZB endlich so zu
handeln begann, wie eine Zentralbank handeln muss. Aber es
ist auch aus grundsätzlichen Erwägungen gut, dass er in letz-
ter Konsequenz nicht machen kann, was er will, wie vernünftig es auch wäre. Denn wir wollen ein demokratisches Europa,
das heißt, alle diese Entscheidungen müssen mitgetragen werden von der Zustimmung demokratisch legitimierter Instan-
zen. Dazu braucht es einen Prozess der breiten gesellschaftlichen Diskussion und Bewusstseinsbildung. Dann werden auch
die Frauen und Männer da sein, die das vertreten und durchsetzen können: dass die Überwindung der Nationalstaaten die
Grundidee war und das Ziel bleibt, dass die supranationalen
Institutionen gestärkt werden müssen, dass wir keinen »Füh-
rer« brauchen, keinen »starken Mann«, aber auch keine Vor-
herrschaft von »starken Nationen«. Also darf die Führung nicht
aus einem Nationalstaat kommen, sondern muss bei einer starken supranationalen Institution liegen. Die beiden supranationalen Institutionen, die sich als Führungsinstitutionen anbie-

ten, sind die Kommission und das Parlament. Das heißt aber auch, dass die Macht, die vom Europäischen Rat der nationalen Staats- und Regierungschefs ausgeht, zurückgedrängt werden muss. Der Rat zeichnet sich bislang

*Die Macht, die vom Europäischen Rat der nationalen Staats- und Regierungschefs ausgeht, muss zurückgedrängt werden.*

nur durch Blockade und Widerspruch aus. Es war nicht die Europäische Kommission, die verhindert hat, dass der Euro gemeinsam mit entsprechenden politischen Instrumenten eingeführt wird. Im Gegenteil, die Beamten der Kommission haben

die Papiere schon Mitte der 1980er Jahre entsprechend ausgearbeitet. Die Regierungschefs haben diese gemeinschaftliche finanzpolitische Absicherung im Rat blockiert. Es ist nicht einmal zu einer Abstimmung im Parlament gekommen, weil der Rat nicht zugestimmt hat. Die Stärkung von Kommission und Parlament halte ich für zentral, und es braucht einen starken Kommissionspräsidenten, der vom Parlament gewählt wird und nicht von den Staats- und Regierungschefs.

*Ist der Kommissionspräsident nicht noch stärker, wenn die Bevölkerung ihn direkt wählt?*

Menasse: Von einer Volkswahl des Kommissionspräsidenten halte ich wenig. Man muss bei der Entwicklung der künftigen europäischen Demokratie schon auf die Voraussetzungen und Gegebenheiten Rücksicht nehmen, eben zum Beispiel auf die Sprachenvielfalt. Europa hat keine gemeinsame Sprache. Das ist grundsätzlich kein Problem, denn eine gemeinsame Sprache zu haben ist ja der Anspruch eines Nationalstaats, aber Europa soll ja keine Supernation werden, im Gegenteil, der erste nachnationale Kontinent. Und auf diesem ist die Sprachenvielfalt Teil seines kulturellen Reichtums. Aber bei gesamteuropäischen Volkswahlen wäre dies ein großes Hindernis, eine sinnlose Verzerrung der Realität: Stellen Sie sich vor, ein Litauer kandidiert gegen einen Franzosen – der Ausgang der Wahl würde wohl nicht von der Vernunft des jeweiligen Programms der Kandidaten entschieden, vielmehr käme der Nationalismus bei der Hintertür herein, entscheidend wäre Größe, Macht, Einfluss der Herkunftnation des Kandidaten und Image und Verbreitung der Sprache. Nein, ich fände es sinnvoller, wenn das Europäische Parlament den Kommissions-Präsidenten wählt. Die repräsentative Demokratie ist eine große demokratiepolitische Errungenschaft, sie sollte in der neuen europäischen Demokratie natürlich aufgehoben werden.

*Einer der Untertitel Ihres im September letzten Jahres erschienenen Buches über die EU lautet »Warum die geschenkte Demokratie einer erkämpften weichen muss.« Spielen Sie damit auf ebendiese Stärkung der regionalen Parlamente an? Wie stark ist der Einfluss des einzelnen Bürgers noch in der knapp 500 Mio. Einwohner umfassenden EU?*

Menasse: Die Demokratie, die wir heute haben und das, was wir gemeinhin unter Demokratie verstehen, ist die nationale Demokratie. Deren Strukturen sind uns vertraut, deren Funktionieren verstehen wir einigermaßen, das haben wir mehr oder weniger gut eingeübt. Sie ist für uns sozusagen der Gradmesser dafür, was Demokratie ist, wie gut sie funktioniert, wie demokratisch unser Leben ist usw. Diese Demokratie haben wir nie erkämpft, sie wurde uns geschenkt bzw. von den Siegermächten nach 1945 zum Glück aufgezwungen. Die ersten Versuche, demokratische Strukturen zu entwickeln, sind bekanntlich am »Volkswillen« gescheitert. Beim Niedergang der Weimarer Republik und ebenso der ersten Republik Österreich haben die Mehrheiten begeistert Beifall geklatscht. Selbst erkämpft wurde von den Mehrheiten, dem so genannten Volk, lediglich das Recht, Verbrechen zu begehen, Vermögen zu rauben, Morde zu begehen, andere Länder militärisch zu überfallen und zu besetzen usw. Und als man dieses Recht wieder genommen hat, hat man noch einmal die bürgerliche Demokratie eingeführt. Irgendwann haben die Menschen dann teils aus Angst vor Strafe, teils zur hellen Verblüffung festgestellt, ja eigentlich brauche ich keinen Hitler, damit ich einen Volkswagen bekomme. So hat die Zustimmung zur bürgerlichen Demokratie langsam zugenommen. Und das war auch gleichzeitig der zweite historische Fehler, denn wenn man genau nachforscht, dann stellt man fest, dass die überwältigende Mehrheit Demokratie mit politischer Administration von ökonomischem Wachstum verwechselt. Ich würde so weit gehen zu sagen, dass 95 Prozent der europäischen Population diesem Irrtum unterliegt: Sie halten für Demokratie, was lediglich ökonomisches Wachstum ist, genauer gesagt: sie halten wachsenden Wohlstand für den Beweis, dass demokratiepolitisch alles einigermaßen in Ordnung ist.

Heute wird unter politischer Partizipation im Grunde das Wahlrecht verstanden, und der Irrglaube, dass die Mehrheit entscheidet. Die Systeme unterscheiden sich nur darin, ob alle vier, fünf oder sechs Jahre gewählt wird. Wir haben in Wirklichkeit nie gelernt, was wirklich politische Partizipation ist. Das Wählengehen haben wir uns zudem nicht erkämpft, wir haben es schlicht eingeübt. Gleichzeitig glauben wir, dass unser Wohlstand vom Wirtschaftswachstum abhängt, und Wirtschaftswachstum, das sehen wir in China, kann man auch ohne Demokratie haben. Oder man kann Wachstum haben und eine dysfunktionale Demokratie, siehe Indien.

*Das heißt, wir müssen den Bürgern besser erklären, was ihnen die Demokratie bringt? Hilft es dabei vielleicht im ökonomischen Vokabular zu bleiben und von demokratischer Rendite zu sprechen?*

Menasse: Wir sind historisch an dem Punkt angelangt, an dem wir ein falsches Verständnis von Demokratie haben. Dafür gibt es zwei Gründe: Der erste Grund ist der nachnationale Prozess. Jeder Mitgliedstaat der EU hat bis zu 80 Prozent seiner politischen Souveränitätsrechte an die supranationalen Institutionen abgegeben. Es sind zwar dicke Brocken im Bundestag geblieben wie die Budgethoheit usw., aber rein statistisch sind 80 Prozent Souveränitätsrechte weg. Die meisten Menschen in Deutschland wissen gar nicht, dass sie beim Wählen nur noch über ein 20 Prozent Parlament abstimmen und nicht mehr wie vor 20 oder 30 Jahren ein 100 Prozent Parlament wählen, während gleichzeitig das Europäische Parlament noch nicht 100 Prozent parlamentarische Rechte hat. Es geht nur um die Wahrnehmung, die fehlt, denn es ist schon längst ein Faktum. Die nationalen Parlamente sind keine vollständigen Parlamente mehr und das gesamteuropäische ist es noch nicht. Gleichzeitig können wir nicht die nationale Demokratie auf die supranationale Ebene heben. Das funktioniert nicht. Alleine schon deshalb, weil es beim europäischen Projekt nicht um eine Supernation geht. Wir brauchen daher ein ganz anderes Modell, wir müssen etwas entwickeln, das historisch völlig neu ist: eine nachnationale Demokratie. Das ist absolut notwendig und ich würde sogar so weit gehen zu sagen, dass dieses neue Modell auch das Ende des Wachstums berücksichtigen muss. Das ist nicht gefahrlos, denn damit bricht die bisherige Legitimation des Status quo, wie gut er auch immer funktioniert, weg. Denn solange es Wachstum und damit wachsenden Wohlstand gab, solange hat man das Gefühl gehabt, dass die Demokratie funktioniert. Aber jetzt funktioniert diese Verwechslung nicht mehr, die Wirtschaft wackelt und die parlamentarischen Rechte erodieren. Das ist ein Moment, in dem eine neue Bewegung entstehen müsste, die sich eine neue Demokratie erkämpft.

*Wir müssen etwas entwickeln, das historisch völlig neu ist: eine nachnationale Demokratie.*

Verstehen Sie mich nicht falsch, ich finde diese Verwechslung zutiefst menschlich. Aber genauso verständlich ist es, dass es immer wieder Zeiten gibt, in denen die Demokratie auf die Probe gestellt wird und sie kann sich dadurch festigen, indem wieder für mehr politische Partizipation gekämpft wird. Bei diesem Kampf muss es aber um die Überwindung der erodierenden Demokratie gehen, um die Entwicklung eines neuen Demokratiemodells, und nicht um die Verteidigung der alten nationalen Demokratie. Ja, es geht um nichts weniger als um die Erkämpfung und Herausbildung eines vollkommen neuen Demokratiemodells. Es hat in der Geschichte eine ganze Reihe von Demokratiemodellen gegeben. Wir glauben immer nur, Demokratie ist das, was wir kennen, was wir in unserer Lebenszeit unter dem Titel »Demokratie« erlebt und eingeübt haben, die bürgerliche, die nationale Demokratie. Es hat aber in der Geschichte sehr viele unterschiedliche Formen von Demokratie, sehr verschiedene Demokratiemodelle gegeben, die alle regelmäßig untergegangen sind, wenn die Bedingungen, unter denen sie entstanden sind und denen sie entsprochen haben, untergegangen sind. Zum Beispiel ist mit dem Untergang der Sklavenhaltergesellschaft auch die antike Demokratie zugrunde gegangen. So schön die antike griechische Demokratie laut den Erzählungen meiner Gymnasiallehrer auch war, keiner kann sie allen Ernstes zurückwünschen, denn keiner will die Sklavenhaltergesellschaft zurück.

Das heißt, die Geschichte der Demokratien zeigt uns, dass der Untergang von demokratischen Systemen ein ganz normaler historischer Prozess ist. Wenn ein bestimmtes Demokratiemodell verschwindet, dann heißt das nicht, dass die Demokratie verschwindet. Das heißt nur, dass ein anderes demokratisches System, ein völlig anderes Modell, das den neuen gesellschaftlichen Bedürfnissen und dem erreichten Stand der ökonomischen Bedingungen besser entspricht, an die Stelle des alten Modells treten muss. Man sollte daher nicht eine sterbende Demokratie verteidigen, sondern eine neue lebendige erkämpfen. Unter der Voraussetzung einer transnationalen Ökonomie brauchen wir eine supranationale Demokratie, das ist ein Faktum, und wer das nicht einsieht, ist ein Nationalist, ob er sich selbst als solchen sieht oder nicht, objektiv ist er ein Nationalist, und was der Nationalismus in der Geschichte angerichtet hat, ist die historische Erfahrung, auf die das europäische Projekt die Antwort sein sollte und sein muss. Wie das neue Modell aussehen kann, muss jetzt diskutiert und schließlich erkämpft werden, weil die nationalen Regierungen und Parlamente sich natürlich so lange als möglich gegen ihre Abschaffung stemmen werden – auch wenn sie

*Man sollte nicht eine sterbende Demokratie verteidigen, sondern eine neue lebendige erkämpfen.*

nur noch zwei Prozent Souveränität haben. Wir müssen eine Vorstellung von einer neuen Ordnung entwickeln, das muss als Modell erarbeitet werden. Wir müssen ein klares Konzept davon haben, wie das Checks-and-Balances-System in einer nachnationalen Transformationssituation funktioniert. Das müssen wir uns klar machen, das ist die Aufgabe, die wir jetzt haben.

*Ihr Vorschlag geht weit über die bisherigen Überlegungen und Vorschläge hinaus, die derzeit von den Staats- und Regierungschefs diskutiert werden. Dabei geht es um eine Bankenunion, um politische Zusammenarbeit, um die Verkleinerung der Kommission usw. Manche halten auch ein echtes europäisches Budget durch Steuern, die die Kommission erhebt, für sinnvoll. Sind das Schritte in die richtige Richtung?*

Menasse: Ich bin der Meinung, dass es keine europäische Demokratie geben wird ohne eigenes EU-Budget, ohne das Recht der europäischen Institutionen, Steuern zu generieren. Das Interessante an der Frage ist nur Folgendes: Wenn man die Menschen fragt, ob die EU das Recht haben soll, Steuern zu erheben, dann werden Sie 98 Prozent Ablehnung bekommen. Daran sehen Sie übrigens, wie unsinnig es ist, Politik auf der Basis von Meinungsumfragen zu machen. Die Menschen geben in der Regel ihre vernünftige Zustimmung oder ihre Ablehnung den Erfahrungen, die sie machen, und nicht den Ideen, die ihre Gewohnheiten übersteigen. Darum ist ja die repräsentative Demokratie vernünftiger als eine plebiszitäre. Demokratie ist eigentlich eine Entscheidung post festum: diejenigen, denen wir Vertrauen geschenkt haben, haben es gut gemacht, oder nicht, darum bestätigen wir sie, oder wählen sie ab. Aber natürlich braucht die EU ein eigenes Budget, statt abhängig zu sein von den Beitragszahlungen der Mitgliedsländer, was immer nur Ressentiments zwischen Nettozahlern und Nettoempfängern zur Folge hat. Die Europapolitikerinnen und -politiker müssten sich aus der Knechtschaft der Finanzmärkte befreien und zum Beispiel eine europäische Finanztransaktionssteuer beschließen, die dem EU-Budget zugute kommt. Das wäre auch keine weitere Belastung für die Steuerzahler, im Gegenteil: mit diesem Geld könnte und müsste ein europäisches Sozialsystem aufgebaut werden, das heißt Arbeitslosen- und Sozialversicherung etc. müssten europäisiert werden. Wenn der Bürger erkennt, dass er diese Sicherheit von Europa und nicht von seiner Nation bekommt, die alle Sozialleistungen auf Grund der erzwungenen nationalen Austerity-Politik ohnehin nur immer radikaler kürzt, dann wird sich auch sein Verhältnis zur EU ändern. Gegenwärtig sieht es so aus, als ob er die wichtigen Transfers von seinem Nationalstaat bekommt und von Europa bekommt er Rechnungen wegen der Schulden in Griechenland. Diese Wahrnehmung hat enorme politische Konsequenzen und sie könnte relativ leicht verändert werden, zum Beispiel durch so einfache, pragmatische Beschlüsse, wie: Ja, die EU soll ein eigenes Budget haben.

*Führt das dann auch schon zur viel beschworenen Stärkung der Bürgerpartizipation in Europa?*

Menasse: Bürgerpartizipation halte ich so lange für eine blöde Phrase, für einen Betrug, so lange sie in nationale Politik mündet, in die Verteidigung der Fiktion nationaler Interessen. Und das ist noch der Fall.

*Ulrich Beck und Daniel Cohn-Bendit ist Beteiligung »von unten«*
*immerhin so wichtig, dass sie die Initiative »Neugründung der EU*
*von unten« lanciert haben. Zentraler Bestandteil dieser Initiative*
*ist ein europäisches Freiwilligenjahr für jeden Bürger. Mittlerweile*
*hat die Initiative Hunderte Unterstützer, Sie selbst zählen auch dazu.*
*Was kann diese Initiative bewirken?*

Menasse: Ich habe dieses Papier aus dem einfachen Grund un-
terschrieben, weil das unter Umständen eine Schubkraft in
Richtung subsidiäre Demokratie entwickeln kann. Denn wenn
wir über ein neues Demokratiemodell diskutieren, dann muss
man vor allem über den Prozess diskutieren, wie wir das Große
vergemeinschaften und dabei wiederum so klein machen, dass
wir es verwalten und uns einbringen und mitgestalten können.
Ich glaube, der Schlüssel dazu, wie ein so großes Projekt gelingen kann, liegt in dieser Klammer. Diese Klammerkonstruk-
tion würde heißen, dass auf gesamteuropäischer Ebene, in einer europäischen Republik von einem europäischen Parlament
die Rahmenbedingungen definiert werden, und innerhalb dieser Rahmenbedingungen kann sich das demokratische Leben, können sich die politischen Partizipationsmöglichkeiten
der Menschen an ihrem jeweiligen Lebensort entfalten. Wie
man dann diese kleinen politischen Einheiten nennt, ist letztlich egal. Ich nenne sie vorläufig Regionen, die in freier Asso-
ziation miteinander verflochten sind, und sie wären jeweils so
überschaubar, dass die politische Partizipation der Bürgerinnen und Bürger gemäß ihrer jeweiligen Kultur, Mentalität, ihren Traditionen und ihren Anforderungen wirksam und nachvollziehbar wäre.

Subsidiäre Demokratie wäre ein genuiner Ausdruck der politischen Bedürfnisse einer Population an einem Lebensort. Es
würde genügen, wenn die Rahmenbedingungen, der allgemeine Rechtszustand, gemeinsam für alle gelten würde. Fiskalrecht,
Steuerrecht, Organisation der Bildungsinstitutionen, Bildungspolitik und so weiter. All diese großen Themen sollten einheit-

lich festgelegt werden. Es ist nur schwer nachvollziehbar, dass zum Beispiel in einem gemeinsamen Binnenmarkt ganz unterschiedliche Steuersätze für Einkommens-, Gewerbe-, Gewinn- und Mehrwertsteuer in den verschiedenen Ländern gelten. Die Rahmenbedingungen müssen für alle gleich sein, und innerhalb dieser Rahmenbedingungen macht jeder dort, wo er lebt, sein Leben und sucht sein Glück. Das kann man sinnvollerweise erkämpfen wollen, stelle ich mir vor.

*Aber steckt der Teufel hier nicht im Detail? Wenn das große vergemeinschaftete Thema beispielsweise der Gesundheitsschutz ist und sich daraus für alle ableiten lässt, dass am Arbeitsplatz – auch in den Kneipen – Rauchverbot bestehen muss, dann ist das doch nur konsequent.*

Menasse: Das kommt sehr drauf an. Beim Rauchverbot würde es reichen, im Rahmen des Angestelltenschutzes zu beschließen, dass kein Angestellter gesundheitlich bedroht werden darf. Wenn der Wirt keine Angestellten hat, selbst Raucher ist und ihm das Lokal gehört, dann ist es nicht nachvollziehbar, wenn Brüssel ihm verbietet, in seinem Eigentum zu rauchen oder seine Gäste rauchen zu lassen. Das könnte man sogar als einen schwerwiegenden Eingriff in das Eigentumsrecht bezeichnen. Die Brüsseler Institutionen, vor allem die Kommission und das Parlament, sollen sich um die Sicherung der Grundrechte kümmern. Dazu würde ich in diesem Fall auch das Recht zählen, in meinem Eigentum zu rauchen oder rauchen zu lassen, oder die Glühbirnen zu verwenden, die ich verwenden will usw. Ich wiederhole das gern noch einmal: Die Vergemeinschaftung kann nur in der Herstellung von gemeinsamen Rahmenbedingungen für die Menschen auf diesem Kontinent bestehen, und nicht in der detaillierten Bevormundung der Lebensführung.

*Wie organisiert Europa dann zum Beispiel die Anerkennung der Rentenansprüche, die viele Bürger im EU-Ausland erworben haben?*

Menasse: Die Sozialpolitik gehört sicherlich dazu. Ich gebe Ihnen ein Beispiel: Ich bin der Meinung, dass es unmöglich ist, heute im Deutschen Bundestag oder im Österreichischen Nationalrat das Rentensystem zu ändern, obwohl es nahe am Kollaps ist. Derjenige, der das versucht, ist am nächsten Tag politisch erledigt. Es ist mindestens ebenso waghalsig, die Aufgabe an irgendwelche Experten zu delegieren, irgendeinem neuen Herrn Hartz oder so, weil der auch in einer nationalen Denkweise verhaftet ist und von vollkommen falschen Prämissen ausgeht. Herr Hartz ging zum Beispiel von einer falschen Bevölkerungspyramide aus. Diese sieht in Deutschland und in Gesamteuropa ganz unterschiedlich aus.

Wir werden uns bald damit auseinandersetzen müssen, wie wir das Pensionssystem in Europa regeln. Darin liegt eine riesige Chance, denn wenn es ein vernünftiges Modell ist, dann müssen Sie nicht mehr herumbasteln und dort 0,8 Prozent streichen und hier 0,3 Prozent drauflegen wegen des Umlagesystems. Das alles führt doch nicht zu Gerechtigkeit. Mit einem neuen Modell hätte man die Chance, vieles besser zu machen. Die Abgeordneten aus allen europäischen Ländern und aus allen europäischen Regionen könnten sich zusammensetzen und diskutieren. Sie könnten dann konstatieren, dass das Umlagesystem vielleicht bis in die späten 80er Jahre funktioniert hat. Sie könnten dann auch feststellen, dass wir jetzt in der glücklichen Situation sind, dass immer weniger Menschen notwendig sind, um einen immer größeren Reichtum zu produzieren. Die Konsequenz daraus könnte dann sein, die Pensionen in Zukunft nicht mehr aus den Taschen der immer geringeren Anzahl der Arbeitenden, sondern aus der immer größeren Produktivität zu bezahlen.

*Wir werden uns bald damit auseinandersetzen müssen, wie wir das Pensionssystem in Europa regeln.*

*Das scheint mir dann ein neuer Generationenvertrag zu sein, der bislang national geschlossen wurde. Mit welchen Mitteln kann man eine derart grundlegende Systemveränderung in Europa durchsetzen?*

Menasse: Solche Verträge muss ein europäisches Parlament machen, und nur die Abgeordneten könnten das auch. Wir gehen mit den nationalen Parlamenten sehenden Auges in den Zusammenbruch all dieser Subsysteme. Die Politiker, die uns heute sagen: Ihr werdet weniger Pension kriegen, aber die ist sicher, die haben selbst in ihrer Lebenszeit noch eine gute Pension. Ich halte es sogar für möglich, dass sie diese Aussagen sogar selbst glauben, denn die Illusion, der Nationalstaat könne dies alles leisten, ist grenzenlos. Aber objektiv drängt die Entwicklung zu ganz anderen Schritten. Das europäische Parlament wird ein europäisches Pensionssystem und überhaupt ein europäisches Sozialsystem irgendwann beschließen müssen. Das ist schließlich auch das Alleinstellungsmerkmal des europäischen Projekts, im Unterschied zu den USA, zu allen Kontinenten oder »Weltmächten«: dass es auch eine Sozialunion ist, ein Friedensprojekt auch im Sinne des sozialen Friedens. Jedenfalls es ist es eine vorläufige Groteske, dass wir ein allgemeines Rauchverbot oder ein allgemeines Glühbirnenverbot haben, aber kein allgemeines Pensionssystem oder kein allgemeines Steuersystem.

*Wenn wir über die Neujustierung der EU sprechen, dann müssen wir auch über die britische Haltung zur EU reden. Der britische Premier Davon Cameron bezeichnet sich selbst als »euroskeptischen Pragmatiker« und hat angekündigt, ein Referendum über die Mitgliedschaft in der EU durchzuführen. Gleichzeitig gehen 40 Prozent der Exporte aus Großbritannien in den europäischen Binnenmarkt, woran rund drei Millionen Arbeitsplätze hängen. Sind die britischen Vorstellungen von Zusammenarbeit in der EU mit denen der Kontinentaleuropäer noch vereinbar?*

Menasse: Großbritannien ist im Moment wirklich ein großes Problem. Sie kennen ja diesen Spruch: Man kann mit seinem Hintern nicht gleichzeitig auf zwei Stühlen sitzen. Das Problem der Engländer ist, dass sie in zwei Clubs gleichzeitig Mitglied sind, nämlich in der EU und dem Commonwealth. Und das verschärft sich noch dadurch, dass sie nur einen halben Hintern haben, denn fast das gesamte Bruttoinlandsprodukt der Briten wird durch spekulatives Kapital und kaum durch Realwirtschaft erzeugt. Die Briten haben eine erstaunliche, aber letztlich doch hilflose Meisterschaft darin entwickelt, mit einem halben Hintern auf zwei Stühlen einigermaßen sicher Platz zu finden. Ich wollte wissen, wie das den Briten gelingt und habe mir in Brüssel bei der Kommission Verträge angeschaut, die zeigen, wie die Engländer das machen. Zum Beispiel Außenhandelsverträge, also der Handel Europas mit außereuropäischen Ländern. Diese Verträge sind unendlich kompliziert durch die Ausnahmen, die die EU für England machen muss. Wenn zum Beispiel die EU einen Vertrag mit Nicaragua betreff Bananenimport macht, dann regeln fünf Seiten des Vertrags die Quote und die Produktionsbedingungen und die Lieferbedingungen, und dann zwanzig Seiten »sideletter« die Ausnahmebestimmungen von UK. Das beginnt damit, dass – wenn man nicht aufpasst – auch Kanada und Australien Teil des europäischen Binnenmarktes wären, da England Mitglied in der EU, aber die englische Königin auch Staatsoberhaupt von Australien ist. Dieses groteske systematische Ausnahmesystem mit Großbritannien ist ein Riesenproblem innerhalb der EU. Es gibt keinen EU-Vertrag, bei dem England nicht einen hochkomplizierten, umfangreichen Ausnahmesondervertragsteil erfordert. Wenn man das einmal gesehen hat, dann bekommt man als Europäer eine Wut. England ist natürlich zutiefst europäisch, aber zugleich auf Grund seiner Kolonialgeschichte mit all seinen außereuropäischen Interessensgebieten zutiefst europäisch schizophren. Die Briten haben sich einerseits nie als Teil des Kontinents gesehen, und sie sind andererseits aus der europäischen Geschichte nicht wegzudenken. Es ist kaum zu glauben, dass dieses Mitgliedsland das größte organisatorische und politische Problem nicht nur für die Entwicklung der EU, sondern schon für den bloßen Status quo der EU darstellt.

Ich habe mich immer geweigert, mir England wegzudenken, aber ich komme jetzt langsam zu dem Punkt, wo ich mir insgeheim die Frage stelle, ob es nicht eine sauberere Lösung wäre, wenn Großbritannien aus der EU austritt und im Gegenzug Schottland, Irland und Wales aus Großbritannien und aus dem Commonwealth austreten und EU-Mitglieder werden. Das würde die weitere europäische Entwicklung eher vereinfachen.

*Ich stelle mir insgeheim die Frage, ob es nicht eine sauberere Lösung wäre, wenn Großbritannien aus der EU austritt.*

*Wer wäre Ihnen als EU-Mitglied denn lieber, die Briten oder die Türkei?*

Menasse: Die Türkei-Frage ist sehr schwierig. Ich selbst kenne nur Istanbul und Istanbul gehört meines Erachtens nach zu Europa, Anatolien allerdings weniger. Was mir Sorgen macht, ist der Nationalismus, auf den die türkische Politik immer stärker setzt. Ich möchte eigentlich kein Land in die nachnationale Entwicklung Europas hereinholen, das mit seinem Nationalismus wieder alles blockiert. Andererseits kann es auch sein, dass ein EU-Beitritt der Türkei den türkischen Nationalismus mittelfristig bricht.

*Die Bevölkerung in Europa schrumpft und wir können beim Welthandel nur mühsam mithalten. Im Jahr 2050 wird der Anteil Europas am Welthandel auf 10 Prozent gesunken sein. Ist es dann nicht sinnvoll, ein Land wie die Türkei mit einem Wirtschaftswachstum von zuletzt fünf Prozent aufzunehmen?*

**Menasse:** Ich glaube nicht, dass das eine vernünftige Herangehensweise ist. Kein normaler Mensch hat das Bedürfnis, in einer Weltmacht zu leben, die auf Augenhöhe mit den USA oder China kommuniziert. Kennen Sie einen einzigen Menschen, der in der Früh zur Arbeit geht, am Abend heimkommt, mit der Familie zu Abend isst, vorher vielleicht in seiner Stammkneipe ein Bier trinkt, oder dann ins *Kein normaler Mensch braucht das, dieses Weltmachtgetue.* Kino geht oder Freunde trifft, und der das alles nur dann erträgt, wenn er in der Zeitung liest: Wir kommunizieren mit China auf Augenhöhe, wir sind eine Weltmacht? Na eben. Kein normaler Mensch braucht das, dieses Weltmachtgetue. Das ist doch eine Spinnerei. Ein Mensch, der das glaubt, gehört in die Psychiatrie und sollte nicht in die Politik gehen. Wettbewerb – wenn ich das schon höre! Ich fahre mit dem Zug von Wien nach Venedig, und das funktioniert schlechter als vor zwanzig Jahren, aber die Bahn erklärt mir, sie macht sich gerade »fit« für den globalen Wettbewerb! Worin soll der denn bestehen? Kann ich zur Bahn sagen: Wenn Ihr die Verbindung Wien-Venedig so schlecht macht, dann gehe ich zu den chinesischen Konkurrenten und fahre in Zukunft von Peking nach Shanghai? Das ist doch alles Unsinn und Gequatsche! Oder dieser Fetisch »Standortsicherung«: wir müssen konkurrenzfähig bleiben mit Indien … wenn man versucht, europäische Produktionsbedingungen auf das Niveau von indischem Lohn und indischem Arbeitsrecht zu drücken, dann haben wir in Europa den Bürgerkrieg. Zu Recht. Und die Bedingungen hier ein bisschen zu drücken, schafft nur hier Misere, ohne dort konkurrenzfähig zu sein. Das heißt: wer sich auf diese Art Wettbewerb in Europa einlässt, hat den Wettbewerb schon verloren. Der Wettbewerb kann nur darin bestehen, dass wir ein sozial gerechtes, demokratisches System aufbauen und sichern, von dem die chinesischen oder indischen Menschen sagen: das wollen wir auch haben. Außerdem könnte man in Europa bereits die vorhandene Arbeit so aufteilen, dass man eine radikale Arbeitszeitverkürzung durchführen kann. Man muss nicht immer auf Wachstum und wachsenden Welthandel setzen. Angemessener wäre in Anbetracht der Größe des europäischen Binnenmarkts ein menschlich organisiertes gesellschaftliches Zusammenleben. Es ist doch makroökonomisch völlig egal, ob der europäische Anteil am Welthandel steigt oder fällt. Ich weiß schon, dass Ökonomen das für einen Unsinn halten. Aber wenn Ökonomen so weise wären, hätten wir jetzt keine Krise, der status quo ist das Ergebnis der Empfehlungen von wirtschaftspolitischen Beratern. Die sind entweder Betriebswirte – aber man kann einen Staat, und schon gar nicht eine Staatengemeinschaft, so führen wie einen Betrieb. Oder sie sind Nationalökonomen – aber es gibt in

*Die Ökonomen sind heute Ministranten von Sekten.*

transnationalen Wirtschaftsverhältnissen keine Nationalökonomie mehr. Die Ökonomen sind heute Ministranten von Sekten, von historischen Religionsgemeinschaften. Im Übrigen halte ich die Grundidee der EU für derart vernünftig, dass ich keinen Zweifel daran habe, dass sie länger bestehen wird als unser Wirtschaftssystem.

*Man könnte auch argumentieren, dass der Türkei aus geostrategischer Sicht eine Schlüsselfunktion zukommt. Nicht zuletzt ist sie auch Nato-Mitglied.*

Menasse: Wir brauchen die Türkei auch nicht aus sicherheitspolitischen Gründen, weil es vermutlich sicherer ist, wenn die EU keine Außengrenze mit dem Irak hat. Diese Debatten halte ich generell für den falschen Ansatz. Man sollte die Frage vielmehr ganz einfach an der Wurzel beantworten: Ist die Türkei bereit, in eine nachnationale Entwicklung einzutreten? Wenn ja, dann ist sie herzlich willkommen. Besteht sie oder insistiert sie aber auf diesem ziemlich radikalen Nationalismus, den sie heute pflegen, dann ist das mit dem europäischen Projekt nicht vereinbar. Da können sie noch so europäisch leben, da können sie noch so sicherheitspolitisch nützlich sein, da können sie noch so ein betörendes Wirtschaftswachstum haben. Die EU ist ein nachnationaler Prozess, das ganze europäische Projekt ist ein nachnationaler Prozess mit dem Ziel der Herstellung des nachnationalen Europas in frei assoziierten Regionen, und es hat kein Land Mitglied zu werden, das sich über Nationalismus definiert.

Umgekehrt kann man nicht sagen, dass Frankreich oder Deutschland dann auch kein Mitglied sein sollten, denn das Projekt hat damit begonnen, genau diese nationalistischen Länder zu entnationalisieren. Hier ist der Anspruch entscheidend. Man wollte die nationalen Konflikte zwischen diesen großen Nationen ausräumen. Das heißt, es gab einen ausgeprägten Nationalismus, der Glaube an Nation und so weiter, aber der Anspruch war, diesen zu überwinden. Heute nach 60 Jahren kann man keine Nation mehr aufnehmen, die nach wie vor so nationalistisch ist wie die Türkei. Aber das kann sich ändern. Ich würde mit der Entscheidung definitiv noch warten. Die Türkei entwickelt sich und damit auch die Regionen. Wenn das Land so weit ist, in den nachnationalen Prozess einzutreten, dann sind auch Regionen wie Anatolien reif für einen Beitritt.

*Wer zahlt dann die Renten aus, wenn wir wirtschaftlich am Boden liegen?*

Menasse: Die Grundidee der Europäischen Union ist, davon bin ich überzeugt, perspektivisch unabhängig davon, wie wir heute wirtschaften, oder glauben, wirtschaften zu müssen. Die Idee Europa ist als Modell des Zusammenlebens von Menschen vernünftiger und nachhaltiger als unser Wirtschaftssystem. Und warum sollte Europa, dieser reiche und kreative Kontinent, »wirtschaftlich am Boden liegen«? Weil »wir« im Wettbewerb mit China unterliegen? Wer das ernsthaft glaubt, sagt damit: unser Wirtschaftssystem hat zusammen mit Demokratie und Sozialsystem keine Chance. Ich glaube das nicht. Aber wenn es so wäre, dann müsste und wird man eben das Wirtschaftssystem ändern, um Demokratie und Sozialsystem zu erhalten.

*Und wo steht Europa zukünftig im Vergleich mit den USA?*

Menasse: Die Vereinigten Staaten von Amerika sind das alte europäische Projekt. Aufgebaut von europäischen Einwanderern. Was haben sie gemacht? Sie haben mit Gewalt Territorium genommen, sie haben es durch einen blutigen Bürgerkrieg vereinigt und sie haben dann eine Nation aufgebaut. Das alles ist klassisch alteuropäisch. Die EU ist in jedem Punkt das Gegenteil, etwas völlig Neues: Territorium wird durch freiwilligen Beitritt ausgeweitet, geeint wird es durch Verträge auf Basis von Rechtszustand und Zustimmung zu den Menschenrechten, und am Ende soll keine Nation gebildet werden, sondern es sollen die Nationalstaaten absterben. Wir bauen den ersten nachnationalen Kontinent der Geschichte auf. USA, das ist ziemlich retro, EU ist die Avantgarde. Das ist die Zukunft! Und damit hat Europa zumindest der Idee nach die USA bereits überholt.

# Weil Europa sich ändern muss: Im Gespräch mit Hauke Brunkhorst

**Hauke Brunkhorst** ist Professor für Soziologie an der Universität Flensburg und forscht u.a. zur Gesellschafts- und Evolutionstheorie sowie zur Demokratie in der Weltgesellschaft.

---

**TEIL 1**
**Unsere Vorstellung von Europa: Wie belastbar ist das Fundament der Solidarität zwischen den europäischen Mitgliedstaaten?**

*Herr Brunkhorst, wenn Sie ein guter Freund um Geld bittet, von dem Sie aber wissen, dass er es im Casino verspielt, würden Sie es ihm dennoch geben?*

Brunkhorst: Wenn er ein guter Spieler ist und ich eine gute Chance hätte, es mit dem entsprechenden Prozentsatz wiederzubekommen, dann würde ich ihm das Geld sicher geben. Ich würde ihm das Geld aber nicht geben, wenn ich wüsste, dass er ein schlechter Spieler ist. Letztlich kommt es aber darauf an, wie man sich zum Suchtverhalten in dieser Situation verhält und zu den Spielerqualitäten natürlich.

*Ist es solidarisch, die Entscheidung vom eigenen Nutzen abhängig zu machen?*

Brunkhorst: Prinzipiell ja, es kommt darauf an, welche Absicht ich habe. Will ich seine Neigung, seine Sucht unterstützen? Will ich ihm irgendwie helfen? Will ich ihn vielleicht sogar erziehen, weil ich sein Verhalten nicht richtig finde? Vielleicht ist er aber auch verzweifelt, weil er arbeitslos geworden ist. Das alles spielt eine Rolle bei der Entscheidung. Bei einem guten Freund, den man schon lange kennt, würde man sicher sagen: naja, soll er es halt mal versuchen, vielleicht gewinnt er ja was und das würde ihm gut tun.

*Können wir solidarisches Handeln im Privaten auf die nationale Ebene übertragen? Als 2002 die Oder über die Ufer trat, da erlebte Deutschland eine einzigartige Welle der Solidarität. Würden sich Deutsche auch derart engagieren, wenn zum Beispiel über Rotterdam eine Flutwelle hereinbricht? Aus dem Ruhrgebiet ist Rotterdam sogar näher als die sächsische Schweiz.*

Brunkhorst: Ich habe den Eindruck, dass bei Katastrophen die nationalen Solidaritäten kaum stärker sind als die globalen. Man muss nur an den Tsunami in Asien denken, da kam in kürzester Zeit jede Menge Geld zusammen und jede Menge Hilfsbereitschaft wurde mobilisiert. Ich bin nicht sicher, ob das nicht mindestens so viel war wie bei der Oder-Spende, und auch die internationale Gemeinschaft hat geholfen. Indien hat es sich aus Nationalstolz sogar verbeten, Hilfe zu bekommen. Auch bei der Erdbebenkatastrophe in Haiti hat die Hilfs-

*Ich habe den Eindruck, dass bei Katastrophen die nationalen Solidaritäten kaum stärker sind als die globalen.*

bereitschaft funktioniert. Andererseits ist Haiti ein besonderer Fall, denn kurz vor dem Erdbeben hat die amerikanische Wirtschaftspolitik unter Clinton die gesamte haitische Wirtschaft zerstört und niemand hat sich darum gekümmert. Clinton hat sich inzwischen für diese Politik entschuldigt. Insofern gab es verstärkte Solidaritätsgefühle, aber es kommt mindestens genauso auf die Medien an, wie sie Sachverhalte thematisieren.

*Wo sehen Sie Gemeinsamkeiten zwischen der Solidarität im Persönlichen und der Solidarität zwischen Staaten? Kann man sich überhaupt mit Staaten solidarisieren, weil man das Land zum Beispiel für besonders geschunden hält, oder kann man sich immer nur mit den Menschen anderer Länder solidarisieren?*

Brunkhorst: Wenn eine Bank jemandem Geld leiht oder ein Land Schulden eines anderen Landes übernimmt, dann sind das ganz andere Geschichten als zwischen einzelnen Personen. Abstrakt irgendeiner Regierung Geld zu geben, dem werden wahrscheinlich die wenigsten Menschen zustimmen. Aber wenn sie glaubwürdig sehen, dass Leute leiden, dann sind die Solidaritäten relativ leicht mobilisierbar. Im so genannten Nahbereich, also bei Freundschaftsbeziehungen, sind die Solidaritäten immer höher als im Fernbereich. Schon deshalb, weil der Fernbereich überhaupt nur durch einen riesigen Organisationsaufwand mobilisiert werden kann. Sie müssen schon die Fernsehbilder von anderswo haben, um Sentimentalitäten zu erzeugen. Ich meine das keineswegs negativ. Sie müssen Banken haben, die die Spenden organisieren usw. Und dann müssen Sie Organisationen haben, die Hilfsgüter relativ schnell quer durch die Welt transportieren können. Entscheidend ist auch, dass die Organisation verlässlich ist und die Hilfsgüter nicht in die eigene Garage zurückbringt. Es ist also ein riesiger Organisationsaufwand notwendig.

Das heißt, es gibt zwei verschieden Sorten von Solidaritäten: Die eine hat Emil Durkheim schon im letzten Jahrhundert mechanische Solidarität genannt. Ein etwas unglücklicher, weil technischer Ausdruck, der aber die Solidarität meint, die sozusagen ad hoc und wie von selbst, also mechanisch funktioniert, so wie zwischen Freunden. Sie funktioniert immer nur so weit, wie man jemanden sieht und in Reichweite hat. Über Netzwerke lassen sich mechanische Solidargemeinschaften zwar ins Grenzenlose expandieren, aber nicht stabilisieren. Dafür benötigt man formale Organisationen wie zum Beispiel Gewerkschaften, Staaten oder Kirchen. Dann wird aus der mechanischen Solidarität von Familien- und Freundschaftsnetzwerken organische Solidarität, die ihrerseits mit einem Minimum familialer und freundschaftlicher Bindung, also einem Minimum mechanischer Solidarität, auskommen kann. Diese viel effektivere Form der organisierten Solidarität kann im Zweifelsfall sogar ganz ohne patriotische Gefühle auskommen, aber sie benötigt ein hoch spezialisiertes und durchprofessionalisiertes Rechtssystem, um überhaupt als Organisation zustande zu kommen und bestehen zu bleiben. Denken Sie nur an die Solidaritätsabgabe nach der deutschen Wiedervereinigung: Wenn alle Leute wüssten, wofür das Geld verwendet wird, dann würden sie vielleicht sogar dagegen protestieren, wie sie es heute bei den Griechen tun, dass man ihr schwer verdientes Geld dem arbeitsscheuen Gesindel im Osten in den Rachen schmeißt. Jedenfalls ist es fraglich, ob die mechanische Solidarität zwischen Ost und West für den Transfer von derart viel Geld vorhanden ist. Aber die Steuer, die einem sowieso jedes Mal abgezogen wird und zwar in Kategorien, die nur ein Bruchteil der Bevölkerung überhaupt versteht, das wird einfach akzeptiert. Es gibt sozusagen einen Vertrauensvorschuss gegenüber Organisationen, vor allem gegenüber dem Staat und mittlerweile, nach 30 Jahren Staatsmobbing durch neoliberale Propaganda, ist das Vertrauen in die Banken sogar noch sehr viel größer als das in den Staat – was nach dem 15. September 2008, als das Bankensystem, weil es die Leute nach Strich und Faden ausgenommen und über den Tisch gezogen hatte, erstaunlich ist. Solange man den Eindruck hat, dass er funktioniert und man nicht in einem völlig feindlichen Verhältnis zu dem ganzen System steht, so lange funktioniert das Ganze. Das ist eine Art generalisiertes Institutionenvertrauen. Wenn es Krach gibt und Konflikte, und die gibt es dauernd, stellt ein individualisierendes juristisches Verfahren sicher, dass eine von allen Seiten akzeptierte Entscheidung gefällt wird, die die Sieger für gerecht und die Verlierer ihrem eigenen Unvermögen anlasten müssen. Niklas Luhmann nennt das Legitimation durch Verfahren. Aber solche Institutionen müssen überhaupt erst vorhanden sein, um die Solidaritäten, oder auch das Gegenteil, riesige Privatvermögen, hohe Ausbeutungsraten oder große Kriege in einem Ausmaß zu organisieren, in dem es dann nur noch eines Bruchteils individueller Freundschaft, Bindung und Loyalität bedarf, um die nötige man-power zu mobilisieren, oder auch nur passive Akzeptanz sicherzustellen. Beim Freund, dem man Geld leiht, fragt man sich, ob es kein falscher Freund ist, bevor man in die Tasche greift und die Scheine zückt. Bei der Spende für die Tsunamiopfer oder Solidarabgabe ist von vornherein sichergestellt, dass nicht nach guten und schlechten Empfängern sortiert wird und es alle gleichermaßen trifft. Das ist abstrakte, organische Solidarität.

*Dadurch wird auch deutlich, dass die Toleranzen im Privaten größer sind als auf der Ebene organisierter Institutionen. Gleichzeitig steigt aber auch die Abhängigkeit, denn derart gute Freunde hat man in der Regel nicht viele. Welche Rolle spielt das für die solidarische Entscheidung?*

Brunkhorst: Die Toleranzen sind bei Freunden oder Familienangehörigen größer, individuell ein Risiko einzugehen. Dabei werden aber immer nur vergleichsweise geringe Summen an ganz wenige transferiert. Für große Organisationen, die Riesenhilfen organisieren, für die bedarf es, wie ich sagte, relativ wenig individueller Solidarität dieser Art. Die Leute, die bei den Hilfswerken arbeiten, entschließen sich vielleicht zum Teil aus moralischen Motiven dazu, aber auch wenn ihre Motive unmoralisch sind, funktioniert die Hilfe. Die Kirche z. B. hat Solidarität über Jahrhunderte organisiert, ausgehend vom Begriff der Caritas, die Nächstenliebe, der eng mit individueller Solidarität verbunden ist. Ausgehend von der einzelnen Hilfeleistung wurde aber eine Organisation mit einem gewaltigen Rechtsapparat entwickelt. In ganz Europa war dieser Apparat verbreitet und im 12., 13. und 14. Jahrhundert kümmerten sich die Pfarrer und die Mönche auf derselben Rechtsgrundlage um Streitigkeiten von einfachen Bauern und ihren Familien. Ob es Streit um die Fischteiche gab oder wenn die Eheleute Streit hatten, dann haben die Kleriker sich um die Probleme gekümmert, aber die Solidaritäten konnten sie nur deshalb einigermaßen gleichförmig und weitgehend ohne Waffengewalt über ganz Europa verteilen, weil sie das damals hochmoderne Kirchenrecht und die darauf gegründete, formale Organisation der Kirche im Rücken hatten.

Bei den Mandarinen in China hat das nicht funktioniert, weil die nicht dieses überall gleiche Recht hatten, sondern nur mächtige Mandarine waren, die mit ihren Truppen in die Provinz kamen und den Provinzfürsten unter Druck gesetzt haben. Danach sind sie wieder nach Hause gefahren und der Provinzfürst hat wieder gemacht, was er wollte. Sie haben sich also nicht um die einfachen Leute gekümmert. Sie hatten gar keine Ideologie und keine Rechtsgrundlage dazu. Um diese zu entwickeln, bedarf es höchst unwahrscheinlicher gesellschaftlicher Voraussetzungen.

*Können wir diese Gedanken auf das Rechtsgebilde EU übertragen? Ist die EU heute in der Lage, institutionelle Solidarität auszuüben?*

Brunkhorst: Ich würde sagen, in einer Hinsicht ist die EU ein sehr hoch organisierter Solidaritätsraum, bei dem es über Jahrzehnte hinweg gewisse Solidaritätsgefühle gibt, auch unterstützt durch die große Reisebereitschaft ihrer Bürger. Das verbindet zwangsläufig. Aber wir müssen aufpassen, denn gegenteilige Gefühle sind auch sehr schnell mobilisierbar. Niemand hatte etwas gegen die Griechen, bis jetzt, dann kam die Krise und die Propaganda wechselseitiger Schuldzuschreibungen. Wenn ein entsprechender Streit ausbricht, sind Polarisierungen schnell mobilisiert. Andererseits haben wir natürlich dieses relativ dichte Netz an Rechts- und Austauschbeziehungen in der EU, das Solidaritäten überhaupt erst organisierbar macht. Ohne Europäische Pässe und den ganzen Rattenschwanz an ökonomischer Infrastruktur etc., der daran hängt, ginge das nicht. Im konkreten Fall muss man dann genau schauen, was im Recht steht. Zum Beispiel verbietet das Europäische Recht direkte Hilfen an andere Staaten, jedenfalls Bail-outs, wie sie aber gemacht worden sind. Insofern sind die Verträge gebrochen worden. Gleichzeitig steht in den europäischen Verträgen an verschiedener Stelle das Wort Solidarität. Es taucht auf bei der gegenseitigen Unterstützung, bei der Kooperation, im Verhältnis der Geschlechter usw. Das ist bislang wenig strapaziert worden, so dass man erst jetzt lernen muss, damit umzugehen und dem Wort eine konkrete, bindende Bedeutung zu verleihen. Immerhin hat man einen rechtlichen Hintergrund auf dem man aufbauen kann und auf Grundlage dessen die Instrumente wie der Hilfsfonds, aber auch weit darüber hinausgehende Maßnahmen wie etwa eine Europäische Arbeitslosenunterstützung entwickelt und eingerichtet werden können.

Um Solidarität ausüben zu können, ist ein gesunder Staatshaushalt gewiss wichtig. Aber das Modell mit der schwäbischen Hausfrau, das Frau Merkel erwähnte, ist wenig hilfreich, denn ein Staatshaushalt, der keine Schulden hat und keine macht, ist ein schlechter und ungesunder Staatshaushalt. Gesundheit und Krankheit von Staaten und Familien sind zwei ganz ver-

*Niemand hatte etwas gegen die Griechen, bis jetzt, dann kam die Krise und die Propaganda wechselseitiger Schuldzuschreibungen.*

schiede Paar Schuhe. Wenn mein Haushalt als Privatmann schuldenfrei ist, ist das gut. Aber der Staat mit seinen Rieseninvestitionen ist einer der größten ökonomischen Akteure und für seine Investitionen muss er Schulden machen, das ist nicht nur völlig legitim, sondern eine ökonomische Notwendigkeit. Wenn er keine Schulden machen würde, dann würde er auch keine Einnahmen machen können. Außerdem kann der Staat Steuern zwangsweise erheben, auch wenn unsere jetzige Wirtschaft in einem erstaunlich hohen Maße darauf basiert, dass die Staaten bei den Banken und den Reichen das Geld leihen, statt es von ihnen zu nehmen, indem Gesetze gemacht werden, die im allgemeinen Interesse sind. Der Staat könnte sich viel stärker durch Steuern finanzieren. In den 50er, 60er und 70er Jahren war die Staatsquote, waren auch die Steuern wesentlich höher und der Staat hatte relativ wenige Anleihen. Er hatte immer Schulden, wenngleich diese nicht sehr hoch waren. Heute sind die Steuern sehr niedrig, jedenfalls in der ganzen westlichen Welt, dafür sind aber die Schulden der Staaten sehr hoch. Dadurch geraten die Staaten in Abhängigkeit von den Banken und jetzt sieht man, dass diese Verhältnisse von Solidarität, wechselseitigen Verpflichtungen, von Kooperation in gemeinsamem Interesse und von Konkurrenz und Wettbewerb ziemlich komplex sind. In so einem Staatengebilde wie der EU, in der die Staaten, die Banken und die Wirtschaft nicht immer am selben Strang ziehen, sondern alle ihre eigenen Interessen verfolgen, in solch einem Gebilde ist es schwierig, die nötigen Kompromisse zu finden und die gegenseitigen Solidaritäten zu garantieren. Europäische Steuern wären sicher eine Lösung des Problems, aber das ist derzeit unmöglich durchzusetzen, weil die Verträge vorschreiben, dass das nur im Konsens aller Länder möglich ist.

*Um Solidarität ausüben zu können, ist ein gesunder Staatshaushalt gewiss wichtig. Aber das Modell mit der schwäbischen Hausfrau ist wenig hilfreich.*

*Die Staats- und Regierungschefs in Europa haben seit Beginn der Krise zahlreiche Hilfsmaßnahmen erarbeitet und viele auch schon umgesetzt. Dabei geht es – wie Sie auch erwähnen – um eine komplexe Verflechtung zwischen den Staatshaushalten, der Wirtschaft und den Banken. Wie hoch ist der Anteil der Solidarität bei der Rettungsaktion für Griechenland eigentlich noch?*

Brunkhorst: Ich würde sagen, der Anteil der Solidarität ist hoch genug, wenn es denn Solidarität und nicht eiskalte Hegemonialpolitik ist, die hinter verschlossenen Türen von den wirtschaftlich Mächtigen durchgesetzt wird. Es bedarf keines höheren Anteils der Solidarität, aber es bedarf der Politisierung der Entscheidungen. Es wird heute nicht mehr darüber diskutiert, ob wir eher einen steuerbasierten Staat haben wollen oder eher einen schuldenbasierten Staat. Jedenfalls stehen solche Alternativen nicht mehr zur Entscheidung an. Wir, die Bürger, können sie durch Wahlen nicht mehr entscheiden, weil das Austeritätsregime inzwischen zu einer höheren und unveränderlichen Art von Prärogativverfassung geworden ist. Deshalb wird immer nur davon geredet, die Schulden abzubauen, aber nicht davon, die Steuern zu erhöhen. Damit kommt der Staat in eine Falle, die man Prosperitätsfalle nennen könnte, in der – vereinfacht gesagt – nur noch die Zentralbank die Wirtschaftspolitik macht und der Staat macht die Arbeitsmarktpolitik, indem er Arbeitsverhältnisse flexibilisiert. Arbeitsplätze werden unsicherer, Löhne sinken oder werden hoch differenziert, Leiharbeit wird zur Hauptbeschäftigungsform und dem Einfluss der Gewerkschaften entzogen. Man vergibt dabei die Möglichkeit der makroökonomischen Steuerung. In dem Moment kann überall eine Situation wie in Südeuropa eintreten, nämlich eine Deflationskrise, die viel schlimmer ist als Inflation. Das heißt, Arbeitslosigkeit steigt und die Preise sinken, aber niemandem nützt das, weil niemand die Waren kaufen

*Das Austeritätsregime ist inzwischen zu einer höheren und unveränderlichen Art von Prärogativverfassung geworden.*

kann, weil keiner mehr Geld hat und die Produktion nicht läuft, steigen die Schulden trotz drastischer Haushaltskürzungen. Die Haushaltskürzungen werden dann zur Ursache steigender Schulden. Es ist also immer auch eine Frage der Politik, die vorherrscht, und wer über diese Politik entscheidet. Ich glaube, das Hauptproblem in Europa ist nicht das Fehlen von Solidaritätsgefühlen, sondern der Ausschluss von allen grundsätzlichen Alternativen zum System aus Wettbewerbsrecht, Austerität und Zentralbankregime.

*Das Hauptproblem in Europa ist nicht das Fehlen von Solidaritätsgefühlen, sondern der Ausschluss von allen grundsätzlichen Alternativen zum System aus Wettbewerbsrecht, Austerität und Zentralbankregime.*

Das Schlimmste ist, dass nur hinter verschlossenen Türen unter dem Druck der Investoren verhandelt wird und dann nachts um drei, rechtzeitig bevor in Tokyo die Börse öffnet, eine Entscheidung fällt, die Märkte erfreut, aber sonst niemanden.

Ich bin sehr dafür, die Griechen zu retten, aber ich würde mich für eine andere Politik aussprechen. Jetzt hilft man Griechenland, damit es seine Schulden begleichen kann, die aber im Wesentlichen Schulden bei unseren Banken sind, also helfen wir mit den Hilfen für Griechenland vor allem unseren eigenen Banken, statt aus Solidarität mit den Griechen. Das ist die große Lebenslüge der Europäischen Union. Die einfache Wahrheit ist, dass die Schere zwischen Arm und Reich, und das heißt zwischen Nord und Süd, seit der Einführung des Euro immer größer geworden ist. Wenn sich die reichen Länder wie Deutschland nun selbst helfen, dann wird die Schere noch weiter auseinandergehen. Die hohen Zinsen für griechische Staatsanleihen sind eine Katastrophe. Die deutschen Staatsanleihen hingegen werden überall in der Welt gern beliehen und wir kriegen sogar noch Geld dafür. Insofern würde ich sagen, ein erstes Gebot von Solidarität ist, dass die Wahrheit gesagt wird. Es muss klargestellt werden, dass uns die Griechen nicht irgendwie das Geld aus der Tasche ziehen. Da spielen nämlich noch einige andere einflussreiche Akteure mit. Natürlich lief und läuft in Griechenland weiß Gott nicht alles richtig, vor allem in der Verwaltung, aber die großen Betrügereien in Griechenland, das sind alles lächerliche Beträge gegenüber dem, was in Europa an Geld umgewälzt wird. Die reichen Familien haben Griechenland verlassen und ihr Geld in die Schweiz transferiert. Warum greift man darauf nicht zu? Das sind die eigentlichen Schranken der Solidarität. Fragwürdige Akteure sind auch die privaten ausländischen Investoren, denn die haben den reichen Familien die entsprechenden Tipps gegeben. Und die Großbanken haben dem Staat die Tipps gegeben, wie sie ihre Bilanzen noch besser fälschen können, damit sie immer mehr und immer faulere Kredite aufnehmen können.

Seit etwa 20 Jahren haben wir einen starken Trend dahin, dass ein Großteil des Geldes, mit dem die Waren gekauft werden, privat finanziert wird. Die Banken gewähren die billigsten Kredite aller Zeiten, so dass die Leute weit über ihre Verhältnisse hinaus kaufen. Gleichzeitig muss auch der Staat enorme Summen bei den Banken aufnehmen, so dass alle in die Abhängigkeit von den Banken geraten. In dem Moment, wo die Blasen platzen, weil die Leute zum Beispiel Immobilien gekauft haben und sie ihre Kreditraten nicht mehr zahlen können, dann haben sie schnell gar nichts mehr und der Staat muss seine Kreditfähigkeit mobilisieren, um die letzten großen Bail-outs zu machen, die ihn selber an die Grenze seiner Kreditfähigkeit bringen. Sie sehen, da stimmt etwas mit der Solidarität nicht.

## TEIL 2
## Bedrohungen und Herausforderungen für Politik, Wirtschaft und das soziale Miteinander: Was können Staaten angesichts der globalen Veränderungen noch leisten?

*Für den einzelnen Bürger mag es weniger entscheidend sein, was die Krise in seinem Land letztlich ausgelöst hat, sondern, ob er heute*

*Arbeit bekommt, ob er seine Vorstellungen von Familie und beruf-*
*lichem Aufstieg realisieren kann, und später, wer ihm die Rente be-*
*zahlt. Gesamteuropa hat die Möglichkeiten, große Beträge zu trans-*
*ferieren, müsste es nicht in der Lage sein, die Rahmenbedingungen*
*für alle rund 500 Millionen Menschen in der EU zu gewährleisten?*

Brunkhorst: Das ist schwierig. Es geht dabei nicht nur um So-
lidaritätsprobleme, sondern auch um Gerechtigkeit. Es gibt in
Europa eine ungerechte Verteilung zwischen
Nord und Süd, wie auch immer sie verur-
sacht ist, sie besteht, obwohl es eine Gemeinschaft sein sollte. Der Süden hat kaum Res-
sourcen und er hat kaum Chancen, sich zu
entwickeln. Der Norden hat alles und hat gute Chancen, immer
mehr zu bekommen. In dem klassischen Modell, in dem alle
Staaten ihre eigene Währung hatten, konnten die ärmeren Länder durch geordnete Abwertung ihrer Währung einen Schnitt
machen und auf diese Weise mehr Gerechtigkeit erkämpfen.
Das ist ein ähnliches Mittel, wie der Streik der abhängig Be-
schäftigten durch die Gewerkschaften, mit dem sie für Umverteilung zwischen den Arbeitern und dem Unternehmen sorgen
können. Diese Möglichkeit haben die ärmeren Länder durch
den Euro nun nicht mehr. Man könnte sagen, dass die Solidaritäten in gewisser Hinsicht wieder hergestellt wären, wenn diese
Länder die Chance zur Abwertung wieder bekämen.

*Es gibt in Europa eine*
*ungerechte Verteilung*
*zwischen Nord und Süd.*

*Aber dafür müssten sie den Euro aufgeben, was sehr teuer wäre, oder*
*welche Möglichkeiten sehen Sie?*

Brunkhorst: Ich glaube nicht, dass die Rückkehr zur alten Währung klappt, denn dies scheint eine sehr theoretische und sehr
teure Möglichkeit zu sein. Stellen Sie sich vor, es gibt wieder
eine eigene Währung, aber die Schulden sind nach wie vor in
Euro und die Schulden sind in der Regel nicht nur bei einem,
sondern bei vielen Ländern und alle müssten zustimmen, dass

sie ihr Geld in der alten Währung zurückbekämen, das würde nicht funktionieren. Vieles andere kommt hinzu. Die Wahrscheinlichkeit ist dann sehr groß, dass der ganze Euro-Raum zusammenbricht und das würde letztlich in einer Riesenkatastrophe enden. Deswegen zögern die Politiker auch bei jedem Schritt, den sie machen, da keiner wirklich absehen kann, was genau passiert. Andererseits könnte der Verlust der Marktkorrektur durch Abwertung dazu führen, dass sich das zweite Mittel, der bislang auf nationale Gewerkschaften und Streiks beschränkte Klassenkampf, transnationalisiert. Die Mobilisierung des Südens gegen den Norden könnte auch den Norden zur Solidarität verpflichten, um z. B. das Riesenproblem Europas mit der gewaltigen Jugendarbeitslosigkeit im Süden gemeinsam zu lösen. Vielleicht führen ja große, transnationale Streiks im Süden zu einer Politisierung des Europawahlkampfes und das Arbeitslosigkeitsthema kommt dadurch oben auf die Agenda der öffentlichen Debatte im europäischen und in den nationalen Parlamenten und in der breiten Öffentlichkeit. Dann könnte endlich eine öffentliche Kontroverse über die Sozialstaatsverfassung Europas und seiner Länder entstehen und dann wäre auch der nötige Entscheidungsdruck da, um beispielsweise eine europäische Arbeitslosenunterstützung durchzusetzen oder auch nicht. Aber ohne solche Alternativen, an deren Entscheidung große Mehrheiten beteiligt sind, gibt es keine Demokratie. So einfach ist das.

*Eine Möglichkeit könnte darin bestehen, dass die EZB von ihrer ursprünglichen Position der relativen Zurückhaltung abrückt und vielleicht doch mehr Geld in Umlauf bringt. Das wäre quasi das amerikanische Modell. Oder brauchen wir in Europa einen Finanzausgleich wie in Deutschland?*

Brunkhorst: Ich würde sagen, man braucht mindestens drei, vier Instrumente dieser Art, denn alle Instrumente sind irgendwie mit Problemen behaftet, und die EZB ist überdies praktisch jeder demokratischen Herrschaft entzogen. Man kann zum Beispiel auch gemeinsame europäische Schulden machen, das wäre auch ein Art Umverteilungsmechanismus. Dann bräuchten wir sicher europäische Steuern, auch wenn das nicht einfach umzusetzen ist. Die große Herausforderung ist diejenige, die globalen Märkte und den globalen Kapitalismus in den Griff zu bekommen. Das halte ich für das eigentliche Problem. In den 60er und 70er Jahren haben die Soziologen von »State embedded markets« gesprochen, also Märkte, die in die Staaten eingebettet waren und vom demokratischen Gesetzgeber, also vom Mehrheitswillen, kontrolliert werden konnten. Man braucht die Märkte und den Kapitalismus, damit effizient produziert wird, denn der Kuchen, der verteilt werden soll, muss erst einmal gebacken werden. Aber die Märkte müssen kontrolliert werden, sonst können sie sehr gefährlich werden. Der moderne Kapitalismus, der auf einem vollständig ausdifferenzierten System freier Märkte für Arbeit, Geld und Grund und Boden besteht, ist ein inhärent katastrophisches System, das nur mit Mühe und unter Einsatz von sehr viel Macht, Geld und Recht von außen beherrscht werden kann. Der Staat konnte früher eingreifen und über Steuern Umverteilung durchführen. Er garantierte auch den Rahmen, in dem Arbeitskämpfe geordnet ablaufen und gewisse Fairnesspunkte eingehalten werden usw.

*Die große Herausforderung ist diejenige, die globalen Märkte und den globalen Kapitalismus in den Griff zu bekommen.*

Heute aber haben wir eine völlig neue Form von Märkten, die stark monopolisiert sind und durch große transnationale Unternehmen beherrscht werden, die wiederum kaum kontrollierbar sind. Damit hat sich das Verhältnis von Markt und Staat umgekehrt. In diese globale Märkte sind die Staaten eingebettet, wir haben also »Market embedded states« und bei diesen in die Märkte einbetteten Staaten gerät Solidarität massiv unter Druck, denn jetzt sind die Staaten von den Märkten abhängig. Das spiegelt sich zum Beispiel in den Schulden des Staates bei den Banken, die den Staat abhängig machen von dem Geldgeber. In der Demokratie sind aber die Mehrheiten repräsentiert, und die sind eben nicht alle reich. An den Märkten hingegen haben wir ein Kräfteverhältnis wie beim Monopoly: wer viel Geld hat und über Produktionsmittel verfügt, der hat auch die entsprechend starke Stellung in der Gesellschaft. Dagegen ist marktimmanent nichts zu sagen, das ist sozusagen »gerecht« im Sinne des Marktes. Aber es ist außerordentlich ungerecht, wenn man an die in der Demokratie institutionalisierten Gerechtigkeiten denkt, die wenigstens daran orientiert sind, was die Mehrheiten für Interessen haben, und die richten sich in der Regel gegen große Ungleichheiten in der Verteilung des Mehrprodukts und in der Verfügungsgewalt über die Produktionsmittel.

*Das Verhältnis von Markt und Staat hat sich umgekehrt. In diese globale Märkte sind die Staaten eingebettet.*

*Für wirksame Regulierung der Märkte scheint die EU ein durchaus geeigneter Akteur zu sein, da sie aufgrund ihrer Größe mehr Macht ausüben kann als die einzelnen Mitgliedsländer, vorausgesetzt, diese wollen dies auch. Sehen Sie diesen Willen bei den Staats- und Regierungschefs?*

Brunkhorst: Das Problem sehe ich vor allem darin, dass die Staaten kaum noch handlungsfähig sind und ihre Leistungen offensichtlich nicht mehr ausreichend garantieren können. Ein Grund liegt auch darin, dass in dem früheren Modell viele Bedingungen institutionalisiert waren, die heute nicht mehr da sind: Sehr starke Gewerkschaften, ein Parlament, das weit reichende Entscheidungen treffen kann. Ein Großteil der globalen Finanzpolitik wird heute nicht durch demokratische Institutionen gemacht, sondern durch die Direktoren der Zentralbanken der großen und mächtigen Länder, die sich regelmäßig in einer Privatbank in Basel treffen und dort die Margen festlegen. Das ist früher Sache der einzelnen Parlamente gewesen.

Kurz, Europa hat in seiner heutigen Verfassung kaum Alternativen zur Vollstreckung der Austeritätspolitik, während die nationalen Parlamente zwar Alternativen haben und handeln können, aber das hat auf Grund der Europäisierung und Globalisierung keine Wirkung mehr.

*Europa hat in seiner heutigen Verfassung kaum Alternativen zur Vollstreckung der Austeritätspolitik.*

Das hat zur Folge, dass Geld und Macht immer ungleicher verteilt wird und die Unterschichten in Apathie versinken und nicht mehr zur Wahl gehen, obwohl sie dafür sind, den Kapitalismus zu regulieren und Einkommen und Vermögen progressiv zu besteuern. Wenn aber, vereinfacht gesagt, die Liberalisierer die einzigen sind, die noch zur Wahl gehen, werden die linken Parteien immer rechter und mögliche Alternativen verschwinden aus dem Angebot der Parteien. Dann rutschen die Unten immer weiter ab. Am Ende, wenn es zum Schwur kommt, wird dann immer das Geld der schwächeren Parteien verbrannt. Die Banken können den Markt viel besser für sich nutzen, denn sie verfügen über leistungsstarke Computer, die jede Sekunde ausnutzen. Das ist absolut entscheidend, denn kein Privatmann, der Aktien kauft, kann sich solche Computer leisten. Das sind Produktionsmittel, die vielleicht doch am besten vergesellschaftet werden sollten. Die großen Marktteilnehmer können auch am besten mit dem Recht umgehen, weil sie sich die besten und einflussreichsten Juristen leisten können. Das Recht ist heute sehr komplex, denn wir haben internationales Recht, europäisches Recht und nationales Recht. Die Solidaritäten sind darin alle erwähnt, zum Beispiel wenn Sie den Artikel 2 der EU-Verträge von 1957 anschauen. Durch ihn wird das Prinzip der freien Marktwirtschaft gewährleistet. Wenn wir das mit heute vergleichen, finden wir im entsprechenden Artikel des Lissabon-Vertrags 20 statt der ursprünglichen 2 Zeilen, und es stehen alle schö-

*Recht haben wir genug, aber es nützt dem einzelnen Bürger nichts, weil er sein Recht gegen die großen Akteure nicht durchsetzen kann.*

nen sozialen Dinge drin: Solidarität, Ausgleich, Nachhaltigkeit, Umweltschutz, Gleichheit der Geschlechter usw. Recht haben wir also genug, aber es nützt dem einzelnen Bürger nichts, weil er sein Recht gegen die großen Akteure nicht durchsetzen kann. Es gibt, um es auf eine Formel zu bringen, jenseits des nationalen Staates und durch ihn hindurchgehend, zu viel Geld und auch zu viel Recht, aber viel zu wenig Macht, vor allem gibt es zu wenig Macht, die demokratischer Kontrolle nicht gänzlich entzogen ist.

*Der österreichische Schriftsteller Robert Menasse hat den Europäischen Rat zuletzt als Bremsklotz für die europäische Integration bezeichnet. Demnach kann er auch wenig gegen die Märkte ausrichten. Ist die europäische Rechtsprechung hinreichend mächtig, um wirkungsvoll eingreifen zu können?*

Brunkhorst: Die Rechtsprechung in der EU ist in gewisser Weise sehr mächtig. Rund 80 Prozent der Regulierung in Deutschland hat heute ihren Ursprung im europäischen Recht. Das heißt, an Institutionen und Recht fehlt es nicht. Ich finde auch, dass Menasse im Prinzip recht hat und das Problem der Europäische Rat, also der Rat der Ministerpräsidenten, ist, aber Menasse verklärt die Kommission ein bisschen zu sehr. Der Rat ist nicht deswegen das Problem, wie er schreibt, weil er nur nationale Interessen vertritt. Das Problem ist eher umgekehrt, dass der Europäische Rat schon lange nicht mehr nur nationale Interessen vertritt, sondern dass dieser Rat zu einem demokratisch nicht mehr legitimierten Organ informeller europäischer Entscheidung und Gesetzgebung geworden ist. Er vertritt nämlich die vereinigten Interessen der europäischen Exekutiven, und diese sind großenteils gemeinsame Interessen. Da sie aber nur im Konsens handeln können, einigen sie sich unter massivem Druck der mächtigsten Länder auf den kleinsten gemeinsamen Nenner, und das ist genau das Austeritätsregime, das mit den Interessen des transnationalen Finanzkapitals aufs

Wunderbarste harmoniert. Als Helmut Schmidt und Giscard d'Estaing in den 1970er Jahren den Europäischen Rat wiederbelebt haben, sollten informelle Treffen, sogenannte fire-side chats, dazu dienen, die Politik zwischen den Regierungen abzustimmen, um auf europäischer und globaler Ebene bessere Wirtschaftspolitik machen zu können.

Die durchaus richtige Idee dahinter war, dass man die im nationalen Rahmen verlorene Macht auf europäischer Ebene wiedererlangt, indem man sich von den Zwängen formeller Macht befreit und dafür informell Politik macht. Dadurch entsteht langfristig jedoch ein Machtzentrum neben dem Staat, sozusagen eine Art Staat im Staat oder Staat über dem Staat und solch ein Gebilde ist der Europäische Rat heute. Was da passiert ist, ist eine Entparlamentarisierung der Demokratie ohne demokratischen Ersatz für die Funktion des Parlaments. Dieses Vorgehen hat sich etabliert und ist weithin unhinterfragt, vor allem deshalb, weil die großen Länder davon profitieren, denn nur sie können den Rat wirkungsvoll dominieren. Die Staats- und Regierungschefs machen im Rat nahezu die gesamte europäische Gesetzgebung – nicht formell, aber de facto – denn ihre Beschlüsse gehen an die Kommission, die setzt das in Initiativen um, stimmt diese mit dem Ministerrat ab, der das im Zweifelsfalle wieder mit den Regierungschefs koordiniert und dann geht die Vorlage in das Gesetzgebungsverfahren. Inzwischen ist die Stellung des Parlaments zwar stärker geworden, aber gegen diesen mächtigen Europäischen Rat kommt man kaum an, weil der im Zweifelsfalle immer mit Blockaden droht.

*Unser Grundgesetz sieht vor, dass viele europäische Entscheidungen vorher mit dem Bundestag abgestimmt werden müssen. Das ist gut für die demokratische Legitimation, aber dadurch wird auch verhindert, dass Europa schnell handelt – ein wichtiges Kriterium, wenn man mit den Märkten konkurriert. Wie kann man diesen Konflikt entschärfen?*

Brunkhorst: Das ist gewiss ein zentraler Punkt. Die Machtverschiebung auf europäischer Ebene funktioniert ad hoc wunderbar und sie hält im Europäischen Rat den Exekutiven den Rücken frei. Aber sie ist nicht stabil und vor allem ist sie nicht demokratisch. Die Regierungen sind eigentlich nur für nationale Außenpolitik legitimiert, aber sie machen europäische Innen- und europäische Weltwirtschaftspolitik und das ist eine sehr bedrohliche Lage für die Demokratie. Es ist bislang nicht hinreichend gelungen, demokratische Macht auf die europäische Ebene zu transferieren, um dann europäische Entscheidungen überhaupt demokratisch legitimieren zu können. Ob Eurobonds oder nicht, diese Frage müsste eigentlich durch den parlamentarischen Gesetzgebungsweg entschieden werden, durchaus auch im Sinne einer Checks and Balance mit der Kommission und Ministerrat, und dann müsste der Europäische Rat hier eingebunden werden. Da sehen Sie nun das Problem: Der Europäische Rat hat seine Macht dadurch, dass er als Spitze auftritt, die an sich nichts mit der EU zu tun hat, aber alles beeinflussen kann. Es wird aber wenig nützen, wenn Sie jetzt fordern würden, dass Frau Merkel sich vor dem Europäischen Parlament rechtfertigen sollte und möglicherweise auch vor den Europäischen Gerichtshof gezerrt werden könnte. Der Europäische Stabilitätsmechanismus steht übrigens gerade vor dem Europäischen Gerichtshof. Wenn die Institutionen richtig aufgestellt wären, dann wäre schon sehr viel mehr Macht auf die europäische Ebene transferiert worden. Das hätte auch den großen Vorteil, dass die EU schneller entscheiden könnte, gerade in Finanzthemen ist das absolut wichtig, und die Entscheidungen wären halbwegs demokratisch legitimiert.

Der Europäische Rat, wie er sich historisch entwickelt hat, ist ein intergouvernementales Treffen und nur intergouvernemental legitimiert, das heißt, die EU kann gar nicht auf ihn zugreifen. Abhängig vom jeweils zu lösenden Problem holt der Rat auch den International Monetary Fund dazu, der sonst gar nichts mit der EU zu tun hat. Auch die nationalen Parlamente können nicht auf ihn zugreifen, weil sie gegen diese mächtige Institution machtlos sind. Der Europäische Rat ist sozusagen aus beiden Ankern herausgelöst, dem nationalen hat er sich entzogen und im europäischen war er nie verankert. Dasselbe gilt für die Troika. Es bräuchte viel mehr europäische Macht als heute, um einen geordneten Mehrheitswillen Europas darzustellen. Wie das funktionieren kann, ist mir heute noch unklar, auf jeden Fall ist es äußerst schwierig.

*Es taucht immer wieder der Vorschlag auf, den Kommissionspräsidenten direkt von den Bürgern wählen zu lassen. Könnte man dadurch die Kommission gegenüber dem Rat stärken und gleichzeitig den Bürgerwillen besser abbilden?*

Brunkhorst: Allein die Diskussion über direkte Wahlen sind sehr wichtig. Ob die konkreten Vorschläge eine Chance haben, das ist eine andere Frage. Mit Wahlen, die weithin sichtbar sind und für die großes Interesse besteht, ist eine hohe demokratische Legitimation verbunden. Man muss aber vorsichtig sein, denn in einer Demokratie fließt die politische Legitimation aus der demokratischen Gesetzgebung. Die Frage ist, wo die Gesetze in Europa gemacht werden und wie sie zustande kommen. Die reine Machtverlagerung, also die direkte Legitimation der so genannten Exekutive, bringt nichts. Man muss klären, wie die entsprechende parlamentarische Macht zustande kommt und wie deren Kompetenzen ausgestaltet sind und erst dann kann ein echter Haushalt beschlossen werden. In Amerika war es beispielsweise kein Problem, dass der größte Staat – das ist Kalifornien – pleitegeht, weil die Zentralregierung sagte, wir übernehmen das im Zweifelsfall. Rein rechtlich war das nicht einmal notwendig, aber sie machte es und keiner hatte etwas dagegen, weil es sinnvoll erschien, und obwohl die Zentralregierung in Amerika in Finanzfragen eher schwach ist, heute zumindest. In der Regel gibt es in den USA eine starke Skepsis gegen Eingriffe aus Washington, wie es auch eine starke Skepsis gegen Eingriffe aus Brüssel in Europa gibt, aber die amerikanische Regierung hat immer noch so viel Unterstützung, dass sie in einer Notsituation auch einen Bail-out ihres größten Staates machen kann. Das wäre ungefähr so, als würde Brüssel für Deutschland garantieren oder Deutschland für Nordrhein-Westfalen – eine enorme Garantie. Aber das erste geht, das zweite nicht.

*Um für Deutschland garantieren zu können, müsste die EU ein riesiges Budget haben. Aber es ist geradezu andersherum: Deutschland überweist der EU gerade einmal 0,3 Prozent des Bruttoinlandsproduktes und ist damit der größte Nettozahler. Müsste die EU, genauer die Kommission, die Möglichkeit haben, ein Budget über eigene Steuern aufzubauen?*

Brunkhorst: Man braucht auf jeden Fall Steuern, aber zuvor müssten die EU-Institutionen demokratisch erneuert werden. Denn mit dem Geld ist auch die Macht verbunden, diese Steuern zu erheben. Das darf nicht in einer demokratischen Grauzone geschehen. Steuern sind auch nur ein Instrument. Sie haben vorhin den Länderfinanzausgleich angesprochen. Das wäre auch eines von mehreren Instrumenten, auch wenn es skeptisch stimmt, dass der Finanzausgleich schon innerhalb Deutschlands von den reichen Bundesländern blockiert wird. Das selbe gilt von der Idee einer europäischen Arbeitslosenunterstützung. Immerhin, dass heute über solche Sachen und über grundlegende Reformen auch von Seiten der Politik ernsthaft diskutiert wird, ist ein gutes Zeichen, zumindest ein Hoffnungsschimmer.

**TEIL 3**
**Finalité Européenne: Wie gestalten wir die Zukunft Europas?**

*In der EU sind zurzeit 27 Länder. Alle Länder haben ein Veto-Recht und viele Verhandlungen ziehen sich über Tage hin. Stößt die EU in ihrer jetzigen Form, wie sie die Vielheit ihrer Gesellschaften im politischen System abbildet, an ihre Grenzen?*

Brunkhorst: Auch das ist eine schwierige Frage. Ich denke, es liegt nicht an der Vielheit der Gesellschaften, Kulturen und Sprachen selber. Es gibt genügend Beispiele dafür, wie Vielheit, die noch viel größer ist, die nötigen Solidaritäten garantieren kann. Das ist auch in demokratischen Systemen möglich. Die USA sind ein gutes Beispiel dafür. Wenn Sie durch Los Angeles fahren, finden Sie immer mehr Stadtteile, wo es nur noch spanische und chinesische Zeitungen, Werbeflächen und Straßennamen gibt. Die Leute legen auf das Englische kaum noch wert. Mehr noch als die Sprachen sind die Kulturen und Religionen extrem vielfältig und driften weit auseinander. Zwischen den Südstaaten, den Nordstaaten, dem Westen mit Kalifornien und dem Osten herrscht eine Riesendifferenz. New York und Texas sind derart verschieden wie Sie es in Europa nicht finden werden. Nicht einmal zwischen Helsinki und Athen. Ich sehe die Differenzen daher nicht als das prinzipielle Problem an. Das prinzipielle Problem liegt darin, dass man es bislang nicht geschafft hat, Institutionen zu bauen, die in der Lage sind, das, was die Soziologen »positive Integration« nennen, zu leisten. Die jetzigen Institutionen haben sich entlang »negativer Integration« entwickelt und sie sind sukzessive zu Rieseninstitutionen geworden, die die Imperative des gemeinsamen Marktes gegen die Staaten durchsetzen. Aber gleichzeitig gab es auch eine bemerkenswerte Entwicklung transnationaler Demokratie in Europa, die beispielhaft ist, auch wenn sie leider von den Märkten an den Rand gedrückt und dem Austeritätsregime unterworfen wird. Zuerst gab es nur eine Wirtschaftsverfassung,

dann einen europäischen Rechtsstaat mit subjektiven Bürger-
rechten – man kann heute direkt auf EU-Recht klagen –, dann
eine politische Union mit Parlament. Das ist auch eine demokratische Errungenschaft, die durch die Hegemonie von Markt
und Kapital gefährdet wird, aber ebenso verteidigenswert ist
wie die nationalen Demokratien.

Das Europäische Parlament ist zweifellos vorbildlich in der
Welt. Es hat zwar manche Mängel, aber alle Parlamente in der
Welt haben Mängel. Selbst im Bundestag gibt es zum Beispiel
kein reines One Man-One Vote Prinzip, und bei zwei Dritteln
der Gesetze stimmt auch der Bundesrat mit. Ganz zu schweigen
von den USA, die noch viel weiter von One Man-One Vote ent-
fernt sind. Das größte Problem des Europäischen Parlaments
ist die begrenzte Möglichkeit, positiv integrative Politik zu machen, denn die ganze Entstehung des Parlaments ist mehr oder
weniger an der Öffentlichkeit vorbeigelaufen. Das war damals
alles sehr technokratisch und ohne öffentliche Beteiligung. Im
Allgemeinen ist gegen einen technokratischen Politikmodus
nichts einzuwenden, denn fast alle Politik läuft technokratisch
ab und nur wenn es mal richtig kracht oder wenn Wahlkampf
ist, dann ist die Öffentlichkeit involviert. Aber dann muss sie
auch auf der politischen Agenda und im Entscheidungsspiel
zum Zuge kommen und eine realistische Chance haben, sich
durchzusetzen.

Ein Parlament existiert nur wirklich, wenn alle mitgenommen werden. Sie müssen es wenigsten wissen oder ahnen, dass
sie eins haben. Deshalb sind Wahlkämpfe enorm wichtig, weil
die Öffentlichkeit zu keinem anderen Zeitpunkt so stark eingebunden ist. Aber in solchen Wahlkämpfen dürfen Alternativen
zur hegemonialen Politik nicht von vornherein ausgeschlossen
werden, und das ist heute das Problem, für das die Politikwis-
senschaftler den Begriff der Postdemokratie erfunden haben.

Wenn es nur technokratische Politik ohne Öffentlichkeit,
ohne wirkliches Pro und Contra gibt, dann kann man auch
nicht erwarten, dass die Bevölkerung sich mitgenommen fühlt.

So wurde leider auch der Euro eingeführt und heute hat kein Land mehr richtige Haushaltskompetenz, obwohl die Kompetenz über die Währung zentral für die Souveränität eines Staates ist. Da nützt es auch wenig, wenn das Bundesverfassungsgericht sagt, es gibt Minima, die nicht abgegeben werden dürfen, denn was wollen wir noch abgeben? Daran sieht man, wie weit die Übertragung von Kompetenzen schon vorangeschritten ist. Aber wenn man das schon macht, dann müssen auch weitere Solidaritäten übertragen und organisiert werden, vor allem Steuern und auch gemeinsame Schulden.

*Das klingt nach einem Plädoyer für einen großen europäischen Wahlkampf. Dafür sollte man einen guten Anlass finden. Die Wahl des Europäischen Parlaments hat bislang nur wenige Wähler zur Urne gebracht. Mit welchem Anlass kann Europa seine Bürger stärker einbinden?*

Brunkhorst: Die Wahlen zum Europäischen Parlament sind der richtige Anlass. Seit seiner Gründung im Jahre 1979 ist die Macht des Europäischen Parlaments durch inkrementelle, kleinteilige Berufspolitik und durch Technokratie sukzessive gewachsen. Das Europäische Parlament ist heute eine der mächtigsten Institutionen zwischen Ministerrat, Kommission und Gericht, aber keiner weiß es. Man muss wissenschaftliche Literatur lesen, um das rauszukriegen. In der Öffentlichkeit ist das nicht sichtbar. Woran liegt das? Weil gleichzeitig mit dem Anwachsen des Parlaments die Wählerzahlen immer weiter gesunken sind, was auch in den andern, den nationalen Parlamenten der Fall ist. Das Demokratiedefizit ist nicht nur ein europäisches, sondern auch ein nationales. Man könnte sicherlich mehr Wähler für die Wahlen motivieren, wenn die Wahlen zusammen mit den nationalen Wahlen, oder noch besser, überall gleichzeitig in Europa statt-

*Das Europäische Parlament ist heute eine der mächtigsten Institutionen zwischen Ministerrat, Kommission und Gericht, aber keiner weiß es.*

fänden. Das ist zwar eine technische Maßnahme, aber sie würden viel bewirken.

Schließlich bräuchte man auch Personal, das sichtbar an der Spitze steht und Positionen klar vertritt. Diese sichtbaren Köpfe müssen Alternativen darlegen, denn jetzt geht es um Alternativen in Europa. Ich wäre sehr dafür, dass die Politik in Europa stärker als entweder sozialdemokratisch oder neoliberal erkennbar ist und sich das auch in den europäischen Parteien so spiegelt, dass es auch von der Bild-Zeitung als Gegensatz wahrgenommen wird. Die Alternativen, die im Nationalstaat schrumpfen, könnten dann vielleicht in Europa zurückgewonnen werden, und dann ergäbe sich ein win-win-Spiel, mehr Demokratie in Europa würde auch mehr Demokratie in den nationalen Staaten bedeuten. Aber die Machtfrage muss gestellt werden. Macht haben heißt, klare Alternativen haben. Sonst gibt es für die Demokratie nichts zu entscheiden, aber wenn es nichts zu entscheiden gibt, gibt es keine Demokratie. Zurzeit gibt es leider keine richtigen europäischen Parteien, nur Verbünde der nationalen und die können weniger effektiv mobilisieren. In den Wahlkämpfen müssten aber die Kernforderungen deutlich kommuniziert werden. Dazu könnte dann auch der Vorschlag gehören, den Kommissions- oder den Ratspräsidenten direkt zu wählen. Der sollte aber nicht nur ein prominenter Politiker sein, sondern ein Leader, der auch programmatisch etwas will, der etwas verändern will und die Truppen hat, die dazu bereit sind. Van Rompuy ist ein cleverer Politiker, auch Tony Blair wäre für das Amt des Ratspräsidenten eine gute Wahl gewesen, da er ein äußerst prominentes Gesicht ist. Van Rompuy fällt öffentlich wenig auf, das ist einerseits schade, andererseits ist das auch Teil seiner Strategie, Politik zu machen. Aber das ist alles nicht so wichtig. Wichtig ist, dass die Person in der Lage ist, die aktuellen Konflikte

*Ich wäre sehr dafür, dass die Politik in Europa stärker als entweder sozialdemokratisch oder neoliberal erkennbar ist und sich das so spiegelt, dass es auch von der Bild-Zeitung als Gegensatz wahrgenommen wird.*

an sich zu ziehen und Lösungen wenn voranzutreiben, so doch sichtbar zu verkörpern.

Zum Beispiel, um die gemeinsame Währung überhaupt in den Griff zu bekommen oder, alternativ, aus dem Euro wieder rauszukommen. Solche Alternativen müssen öffentlichkeitswirksam thematisiert werden, in nationalen und internationalen Wahlkämpfen, in europäischen Kampagnen, in einem Wahlkampf zum Kommissionspräsidenten oder auch anlässlich eines möglichen Verfassungs-Referendums. Wenn dann die Bürger entscheiden, dass sie aus dem Euro wieder raus wollen, dann ist das auch in Ordnung. Dann wissen alle, das war ihre Entscheidung. Wir sollten die kalte, technokratische Herstellung einer gemeinsamen Politik in Europa vermeiden, die dann nur von Eliten hinter verschlossenen Türen verwaltet wird, die keine Bindung mehr an den demokratischen Gesetzgeber und seine Wähler haben.

*Heute haben wir eine stark neoliberale Politik in Europa, aber niemand hat sich dazu wirklich entschlossen.*

Heute haben wir eine stark neoliberale Politik in Europa, aber niemand hat sich dazu wirklich entschlossen. Diese eher zufällige Entwicklung zerstört den demokratischen Staat. Ohne Volksentscheide, ohne Kampagnen, ohne öffentliche Diskussion zerfällt der Staat. Dann übernehmen Leute wie Berlusconi die Macht. Auch in Deutschland. Das ist da kein Stück besser dran als die andern Länder.

*Der Zulauf zu rechtsextremen Parteien in Europa ist erschreckend groß. Die Ultra-Rechten in Griechenland machen auch keinen Halt vor gewalttätigen Exzessen. Vermutlich kommen hier mehrere Dinge zusammen: Frust, das Gefühl, keine Chance zu haben, Existenzängste, Ressentiments u. v. m. Wie kann die Politik darauf reagieren?*

Brunkhorst: Die Rechtsextremen haben überall faschistische Züge. Der Westen hat sich mit seinem Modell von Freiheit zwar 1989 global durchgesetzt, aber die Konsequenz ist nicht, dass überall liberale Demokratien mit starken sozialen Ausgleichsmechanismen entstanden sind. Es gibt noch viele autoritäre Regime, die nur nominell Demokratien sind, eigentlich aber Raubtierkapitalismus haben und die soziale Spaltung der Gesellschaft in have und have-nots, ja, in Eingeschlossene und Ausgeschlossene befördern. Die Erwartung von Fukuyama, dass sich der Westen mit dem Demokratiemodell konsolidiert hat, ist genau nicht eingetreten, sondern die Probleme der Demokratien kumulieren und sind größer geworden. Statt demokratischem Kapitalismus, der den Kapitalismus halbwegs erfolgreich an den allgemeinen Willen bindet, haben wir heute kapitalistische Demokratie, in der die Demokratie dem Privatinteresse subsumiert und deshalb keine wirkliche Demokratie mehr ist.

*Anfang des Jahres hat die EU-Kommission ihren Sozialbericht vorgelegt. Er zeigt, dass die Unterschiede zwischen Arm und Reich in der EU größer geworden sind. Hat man sich vielleicht zu sicher gefühlt und die sozialen Spannungen, die existieren, nicht ernst genommen?*

Brunkhorst: Für mich sind politische Selbstbestimmung und Gleichheit in der Demokratie entscheidend. Zur Gleichheit gehört auch die Gleichheit der Möglichkeiten. Was die wenigsten wissen, es gibt einen Zusammenhang zwischen sozialer Gleichheit und der Lebenserwartung, der Gesundheit und dem Glück der Menschen in einer Gesellschaft. Wenn die Gleichheit höher ist, ist auch die Lebenserwartung höher, die Kriminalität geringer, Bildung zahlt sich in sozialem Aufstieg aus usw. Vor allem verschwindet die politische Apathie, wenn sich die soziale Differenz zwischen oben und unten verringert. Das finde ich erstaunlich. In Japan und in Schweden zum Beispiel ist die Lebenserwartung relativ hoch und beide Länder haben die geringsten Einkommensunterschiede in der OECD-Welt. In Japan ändert sich das gerade, denn die Einkommensunterschiede wachsen. Die größten Einkommensunterschiede hingegen

sind seit langem in UK und den USA und dort ist die Lebenserwartung entsprechend niedriger, auch die Mordraten sind
entsprechend höher. Deutschland liegt in diesen Statistiken
immer irgendwo in der Mitte. Sie können das über zehn verschiedene Indikatoren messen, nur Suizid korreliert nicht, weil
Suizid andere Ursachen hat.

Soziale Gleichheit ist aber nicht nur wegen dieser Statistiken wichtig – wegen des guten Lebens sagte man früher. Ohne
soziale Gleichheit keine Gerechtigkeit. Demokratien funktionieren nur, wenn alle dabei sind und die soziale Differenz gering ist, das ist der wichtigste Zusammenhang. Es gibt Massen-
demokratien mit universellem Wahlrecht,
effektivem Menschrechtsschutz und sozialen Rechten und einer erheblichen Verge-
sellschaftung der Produktionsmittel erst
seit dem Zweiten Weltkrieg. Diese demokratische Solidarität ist heute weltweit gefährdet und das hängt mit politischen
Großentscheidungen zusammen. Ende der 70er Jahre gab es
große Änderungen in Amerika und in England und dann sukzessive in allen anderen Ländern aufgrund von Schwierigkei-
ten wie Inflation, und dann in der gesamten Weltgesellschaft.
Das Gesundheitssystem in England hat es besonders hart getroffen. Heute ist für die Gesundheitsausgaben kein Geld mehr
vorhanden. Dennoch können Sie sich als Europäer in England
teure Medikamente besorgen, ohne etwas dafür bezahlen zu
müssen. Sie bekommen ein Rezept beim Arzt, der selbst keine
richtige Ausstattung mehr hat, und mit dem Rezept bekommen
Sie dann in der Apotheke selbst teure Medikamente umsonst.
Als ich das einmal selbst erfahren habe, dachte ich, ja, das war
mal eine sozialistische Demokratie, oder doch zumindest auf
dem Weg dorthin. Dass ich in den Genuss dieses untergehen-
den Systems kam, verdankt sich einer Art Mischung aus einem
englischen, in Teilen noch »sozialistischen« Gesundheitssystem mit den Antidiskriminierungsnormen der EU, also dem

*Demokratien funktionieren nur, wenn alle dabei sind und die soziale Differenz gering ist, das ist der wich- tigste Zusammenhang.*

bisschen europäischen Sozialstaat, das wir immerhin schon haben, weil die Richtlinie vorschreibt, dass man EU-Bürger nicht schlechter behandeln darf als einen Inländer.

Der Großtrend ist aber folgender: Die Veränderungen in der Weltwirtschaft liefen seit den 1980er Jahren darauf hinaus, dass die Schere zwischen Arm und Reich immer größer geworden ist, dass die Bildungsausgaben prozentual geringer wurden und noch weitere drei, vier Indikatoren dieser Art sich in dieselbe Richtung entwickelten und noch heute entwickeln. Das Kölner Max-Planck-Institut hat Länderstudien zwischen Schweden, der Bundesrepublik und den USA über drei Jahrzehnte gemacht. Es kam zu dem überraschenden Ergebnis, dass sich alle drei Ländern in die gleiche Richtung entwickeln. Schweden liegt dabei hinter den USA, was die schlimmsten Auswüchse der großen neoliberalen Entsolidarisierungswelle betrifft. Aber da lagen sie auch schon vorher, auch wenn die Differenzen in Amerika wahrscheinlich stärker gewachsen sind als in Schweden. Der Trend ist mit einer erschreckenden Notwendigkeit derselbe und das kann man nur über die Umstellung der globalen Wirtschaftsordnung erklären, die so dramatisch ist, wie man sie nicht genauer beschreiben kann, als in dem Satz von Streek, dass aus staatseingebetteten Märkten markteingebettete Staaten geworden sind. Man muss sich das nur vor Augen halten, um unmittelbar zu sehen, wie ungemütlich die Weltlage nach 30 Jahren neoliberaler Entsolidarisierung geworden ist.

*Wenn wir uns diese globalen Entwicklungen anschauen, dann kommt man immer wieder zu der Aussage, dass kein Land der EU alleine dauerhaft wettbewerbsfähig sein wird und es deshalb gar keine Alternative zur EU mit ihrem großen Binnenmarkt gibt. Damit verbunden ist zwangsläufig auch unser Sozialmodell, welches uns eine relativ hohe Lebensqualität ermöglicht. Kann Europa dieses hohe soziale Niveau angesichts der von Ihnen skizzierten Entwicklungen überhaupt noch garantieren?*

Brunkhorst: Wenn Europa als staatsartiges Gebilde überleben will, dann müssen die sozialen Unterschiede korrigiert werden. Dann müssen auch die Unterschiede im Bildungsniveau und in den Ausbildungssystemen angeglichen werden. Die Systeme müssen nicht überall gleich sein, das sind sie auch in Schleswig-Holstein und Bayern nicht, aber es muss eine stärkere Angleichung und ein besserer Austausch stattfinden, und es muss Ausgleich für unkorrigierbare Verschiedenheiten geben. Es muss selbstverständlicher werden, dass man in einem anderen europäischen Land arbeitet und Europa einem die Anerkennung des Abschlusses garantiert. Die Wirtschaft sucht heute schon dringend nach Arbeitskräften aus anderen Ländern, aber damit das besser funktioniert, muss auch das soziale Gefälle ausgeglichener werden. Zurzeit kommen mehr Spanier als Griechen nach Deutschland, vermutlich auch deshalb, weil sie ein besseres Bildungssystem haben und intensiver Englisch lernen usw. Aber auch hier ist wichtig, dass die Bürger in die Entscheidungen durch egalitäre Verfahren – und die egalitärsten sind immer noch die der repräsentativen Demokratie – eingebunden werden, sonst wird das nicht funktionieren, weder in die eine noch in die andere Richtung. Wenn die Bürger gegen eine Angleichung der Systeme votieren, dann ist es immer noch besser, als wenn es einfach passiert, denn dann hätten sie zumindest noch für ihr Land die Solidarität gerettet.

*Müsste man dann nicht auch das angekündigte britische Referendum umdrehen und in allen EU-Staaten über die Mitgliedschaft von Großbritannien entscheiden?*

Brunkhorst: Kontinentaleuropa hat auf die Rede von Premier Cameron richtig reagiert, indem erst gar nicht darüber diskutiert wurde. Cameron wird damit leerlaufen, er wird wahrscheinlich sowieso abgewählt und die nächste Regierung wird das Referendum dann nicht durchführen. Wenn er doch wiedergewählt wird, dann bin ich dennoch skeptisch, dass er das

Referendum in dieser angekündigten Form stellt, denn er weiß genau, was damit alles verbunden ist. Günstig wäre es auf jeden Fall, wenn in der Zwischenzeit deutlich würde, dass UK nicht ohne Europa bestehen kann. Dann hat die neue Regierung es nämlich leichter, das Referendum abzusagen. Außerdem ist noch lange nicht klar, ob auch die Schotten und die Waliser austreten würden. Die sind auch jetzt schon dabei, sich alleine zu organisieren. Das Referendum in Schottland über die Unabhängigkeit steht auch noch aus. Ich gehe sogar davon aus, dass die Schotten unter den jetzigen Bedingungen in der EU bleiben würden, denn sie sind sehr europafreundlich. Die Engländer riskieren mit ihrem möglichen EU-Referendum daher auch einen für sie negativen Ausgang des schottischen Referendums.

*Wenn Europa seinen Markt und sein Sozialmodell in der Welt verteidigen möchte, dann wäre die Mitgliedschaft Großbritanniens dafür sehr nützlich, denn der Anteil der EU an der weltweiten Wertschöpfung sinkt kontinuierlich und die Bevölkerung schrumpft. Wenn Europa auch noch die gemeinsame Währung verliert bzw. durch den Austritt einzelner Staaten schwächt, dann steht es international äußerst schlecht da. Muss sich Deutschland stärker für den Zusammenhalt in der EU engagieren?*

Brunkhorst: Wenn wir wieder ein nationalstaatliches Europa haben, werden die Staaten im internationalen Wettbewerb untergehen. Die Nationalstaaten sind dafür nicht stark genug, auch Deutschland nicht. Sie könnten sich untereinander zwar koordinieren, aber das wird nicht ausreichen. Insofern ist Deutschland stark abhängig von Europa. Deutschland hat seine starke Stellung in den globalen Märkten auch gerade wegen der EU und es ist sogar wichtig, dass Deutschland weiterhin eine starke Stimme in der EU hat, denn der meiste Absatz deutscher Produkte geht in den Binnenmarkt und

*Wenn wir wieder ein nationalstaatliches Europa haben, werden die Staaten im internationalen Wettbewerb untergehen.*

wenn Deutschland plötzlich von den Franzosen blockiert würde, dann hätte das gravierende Folgen für die deutsche Wettbewerbsfähigkeit. Da können Sie noch so viel nach China exportieren. Wenn der griechische Markt zumacht, wäre das zu verkraften, aber wenn die Märkte in Spanien, Frankreich oder England gegeneinander agieren würden, dann könnte keiner überleben.

*Würden Sie von einem Mangel an Führung in Europa sprechen?*

Brunkhorst: Ich würde von einem Mangel an Macht sprechen.

*Auch im Sinne personifizierter Macht?*

Brunkhorst: Ja, aber das Personalisieren nützt so lange nichts, so lange nicht auch institutionelle Strukturen da sind, die genutzt werden können. Führungsfiguren sind immer dann gut, wenn sie politische Bewegungen repräsentieren und wenn sie richtige Macht repräsentieren. Führungsfiguren sind völlig überflüssig, wenn die Machtstrukturen nicht da sind, also die institutionellen Strukturen oder die politische Bewegung. Andernfalls sind sie einfach Schauspieler.

*Wer hat Ihrer Meinung nach die meiste Macht in Europa: Der Kommissionspräsident Barroso, die deutsche Kanzlerin Merkel, oder die Chefs von EZB oder der Euro-Gruppe?*

Brunkhorst: Das ist eine schwierige Frage. Frau Merkel hat schon eine ganze Menge Macht, allerdings hat sie die Macht nur als europäisch koordinierte Macht. Sie braucht die Zentralbank, denn in der Zentralbank hat die Bundesregierung keine Mehrheit. Diese hat auch bereits mehrfach gegen die Bundesregierung entschieden. In der Euro-Gruppe werden sie sich auch umsehen müssen. Die Macht des Kommissionspräsidenten würde ich nicht so hoch ansiedeln, denn im europäischen Institutionengefüge, dazu zählt gewiss auch der Europäische Gerichtshof, ist die Macht schon ziemlich gut balanciert. Ich würde von einem soliden Checks and Balances in diesem europäischen Machtgefüge sprechen, in dem situationsgemäß mal der eine vorne ist und mal der andere, mit Ausnahme aber des fast allmächtigen Europäischen Rats, der seine Macht aber seiner informellen, in die Europäischen Check and Balances nur schwach einbezogenen Organisationsform verdankt. Von informeller Macht befreit uns nur zwingendes Recht, dass imstande ist, sie zu formalisieren.

*Zurzeit hat man den Eindruck, dass die gemeinsame Währung das deutlichste Signal des Zusammenhalts in Europa ist. Würden Sie der Aussage zustimmen, dass Europa scheitert, wenn der Euro scheitert?*

Brunkhorst: Die Wahrscheinlichkeit ist ziemlich hoch, solange der Euro eine Währung ohne Parlament und Regierung bleibt (und das gibt es sonst nirgends auf der Welt), aber ich wünsche mir natürlich, dass er nicht scheitert, sondern dass eine gemeinsame Debatte das Gegenteil zum Ergebnis hat, auch wenn diese Wahrscheinlichkeit nicht sehr hoch ist. Eine wirkliche politische Union kann nur dann gelingen, wenn die bestehenden Konflikte nicht hinter verschlossenen Türen, sondern in der Öffentlichkeit ausgetragen werden, nur so kann diesem Riesengebilde die nötige minimale Legitimation verschafft werden. Im Moment hat es überhaupt keine Legitimation. Es ist ein reines Projekt der politischen und ökonomischen Klasse und es lässt sich nicht im Nachhinein legitimieren über Sätze wie: Ihr habt auch etwas davon. Das nennt man Output-Legitimation und die ist nicht demokratisch. Es gibt ganz gute Gründe dafür, dass man heute nur in der größeren Gemeinschaft mit einer gemeinsamen Währung überleben kann. Diese Gründe und die Gegengründe, die auch nicht von schlechten Eltern sind, müssen aber auch kommuniziert werden. Das ist Aufgabe der Politiker.

Das demokratische Verfahren wäre meines Erachtens auch das einzige Verfahren, mit dem man das Aufgeben des Euro beschließen könnte. Ich sehe im Moment nicht, wie Europa ohne den Euro und die gemeinsame Politik gut funktionieren kann, aber wissen kann man das nicht, nur, dass das Risiko des großen Scheiterns enorm wäre.

*Das Kommunizieren wird aber schwieriger, wenn die EU sich gleichzeitig erweitert. Im Sommer kommt Kroatien als 28. Mitgliedsland in die EU. Könnte es helfen, endlich die Frage nach der Finalité Europas zu beantworten?*

Brunkhorst: Ich denke schon. Aber ich bin nicht sicher, ob man das über eine Verfassung für Europa regeln muss, und Änderungen an den bestehenden Verträgen werden auch nicht ausreichen. Es muss einen großen Sprung geben, vielleicht muss die Krise noch verheerender werden, damit es dann einen neuen Ansatz gibt. Es würde dann aber reichen, wenn das Europäische Parlament einen ersten großen Wahlkampf organisiert, der europaweit gut sichtbar ist und die Wahlbeteiligung hochreißt. Dazu bedürfte es freilich auch einer Transnationalisierung des demokratischen Klassenkampfes und einer europäischen Wiedergeburt der Gewerkschaftsbewegung. Nach 30 Jahren neoliberaler Politik ist der Gegensatz von Kapital und Arbeit wieder zu einem der wichtigsten Gegensätze unserer, an ebenso produktiven wie destruktiven Gegensätzen nicht gerade armen Weltgesellschaft geworden. Wenn das ins öffentliche Bewusstsein dringt, verändert sich auch das Machtgefüge. Die Macht der Öffentlichkeit ist das, was Habermas die kommunikative Macht nennt. Daran fehlt es der EU, sie hat keine kommunikative Macht. Die Frage der Finalité kann nur über die Bevölkerung beantwortet werden, über die Macht der Straße, wenn Sie so wollen, die aber dann über reflexive Insti-

*Der Gegensatz von Kapital und Arbeit ist wieder zu einem der wichtigsten Gegensätze unserer Weltgesellschaft geworden.*

tutionen, die sich zum Druck der Straße responsiv verhalten und ändern, kanalisiert und geordnet wird. Zur Demokratie gehört, dass sie immer mobilisierbar bleiben muss. Das kann man nur dadurch erreichen, dass die Politik öffentlicher wird und ihre Konflikte und Entscheidungen sichtbar macht. Alles das ist heute trotz der noch lange nicht ausgestandenen Krise sehr unwahrscheinlich, noch unwahrscheinlicher, dass es gut ausgeht.

*Müssten die Staats- und Regierungschefs dafür nicht stärker in andere Länder reisen und ihre Politik dort erklären? Artikel deutscher Politiker in ausländischen Zeitungen beispielsweise liest man selten.*

Brunkhorst: Absolut. Wir erleben ja jetzt in der Krise zum ersten Mal das Entstehen einer europäischen Öffentlichkeit. Das äußert sich darin, dass Konflikte da sind, die als gemeinsame Konflikte wahrgenommen werden. Ohne Konflikte, ohne dass es richtig rummst, entsteht auch keine Öffentlichkeit. Öffentlichkeit ist nicht etwas, was darüber entsteht, dass alle die gleiche Zeitung lesen und alle die gleichen Informationen bekommen. Sie entsteht vielmehr darüber, dass um essenzielle Sachen grenzüberschreitend gestritten wird. Nichts vereinigt mehr als der Streit. Dieser muss dazu führen, dass die Alternativen auf den Tisch kommen. Der Streit kann natürlich auch endgültig entzweien und das Ganze auseinanderbringen. Dieses Risiko muss man aber eingehen, um die Demokratie vor ihrem endgültigen Verschwinden in Technokratie zu bewahren. Also, wenn dieses europäische Gebilde in seiner jetzigen Integrationsform demokratisch zerfällt, wäre das eine Katastrophe, aber immer noch besser, wenn die Leute darüber mit entscheiden als wenn es in einem blinden anarchischen Prozess zerfällt, in dem jeder im Nationalstaat und jede Region zu retten versucht, was zu retten ist. Beim Zerfall droht nicht die Renationalisierung. Es droht schlimmeres: Zerfall und Re-Regionalisierung der nationalen Staaten. Dann ist es nicht nur mit dem schwachen Pflänzchen der europäischen Solidarität vorbei, sondern auch mit dem längst nicht mehr so starken der nationalen Solidarität.

If you have any concerns about our products,
you can contact us on
**ProductSafety@springernature.com**

In case Publisher is established outside the EU,
the EU authorized representative is:
**Springer Nature Customer Service Center GmbH
Europaplatz 3, 69115 Heidelberg, Germany**

Printed by Libri Plureos GmbH
in Hamburg, Germany